Anita Stockinger

Frettchen

Anita Stockinger

Frettchen

Haltung und Zucht

Oertel+Spörer

Bildnachweis
Titelbild: Jeanette Hutfluss
Innenteilbilder:
Silvana Balzer S. 78, 124
Jeanette Hutfluss S. 9, 10, 12, 13, 15, 16(2), 17,18, 19, 20(2), 21(2), 22(2), 23u., 24o., 26, 28, 34, 35, 36, 39, 40, 50, 52, 53, 55, 57, 59, 60, 62, 65, 66, 67, 68, 70, 72, 73, 74, 75, 76, 77, 79, 80, 81, 82, 84, 85, 87, 88, 90(4), 92, 97, 100, 105, 121, 122, 131, 139
H.-W. Kohlmeier S. 133
Carsten Scheunemann S. 138
Frank Sievers S. 126
Patricia Zierold S. 135
Alle anderen Bilder von der Autorin.
Zeichnungen: Ivonne Uhlemann

Haftungsausschluss
Die Hinweise in diesem Buch wurden von der Autorin sorgfältig recherchiert und geprüft. Es können jedoch keinerlei Garantien übernommen werden. Eine Haftung der Autorin bzw. des Verlags und seiner Beauftragten für Personen-, Sach- und Vermögensschäden ist ausgeschlossen.

Bibliografische Information der Deutschen Nationalbibliothek
Die Deutsche Nationalbibliothek verzeichnet diese Publikation in der Deutschen Nationalbibliografie; detaillierte bibliografische Daten sind im Internet über http://dnb.d-nb.de abrufbar.

Postfach 16 42, 72706 Reutlingen

Schrift: 9/11 pt Stone Serif
Lektorat: Dr. Gabriele Lehari
DTP und Repro: raff digital gmbh, Riederich
Druck und Bindung: Oertel+Spörer Druck und Medien-GmbH+Co., Riederich
Printed in Germany
ISBN 978-3-88627-318-8

Inhalt

In eigener Sache

Seit ich denken kann, haben wir zu Hause schon immer Tiere gehabt – angefangen mit Mäusen über Wellensittiche, Kaninchen und schließlich Hunde. Ich machte mein Abitur und direkt im Anschluss eine Ausbildung zur Pferdewirtin im Bereich Pferdezucht und -haltung im Haupt- und Landgestüt Marbach. Auch nach meinem Auszug aus dem elterlichen Haus wollte ich dringend wieder Haustiere haben. Nach längerem Hin und Her und dem Wissen, nicht genug Zeit für einen eigenen Hund zu haben, informierte ich mich lange Zeit über verschiedene andere infrage kommende Tierarten. Hierbei traf ich das erste Mal auf das Frettchen.

Sofort war ich begeistert von den quirligen, frechen und doch freundlichen Monstern, die einen ständig zum Lachen bringen. Das Tolle an Frettchen ist, dass sie einer Mischung von Hund und Katze ähneln. Sie sind sehr verspielt, man kann ihnen kleine Tricks beibringen, mit ihnen Gassi gehen und vor allem haben sie ein großes Interesse am Menschen. Sie leben nicht in ihrer eigenen kleinen Welt wie zum Beispiel Meerschweinchen, sondern wollen aktiv mit dem Menschen spielen, Quatsch machen, kuscheln und vieles mehr.

Als die Welpen beim Züchter meines Vertrauens dann nach langem Warten endlich geboren und abgabebereit waren, hatte ich schon alles vorbereitet und die beiden Kleinen konnten sofort bei mir einziehen. Schnell merkte ich, dass der „Frettchenkäfig", den ich gekauft hatte, einfach nicht ausreichte und so baute ich über ein verlängertes Wochenende meinen ersten eigenen Frettchenkäfig mit den Maßen 200 cm x 60 cm x 180 cm (B x T x H). Wenige Monate später bekamen meine beiden ersten Frettchen noch einen Kumpel dazu. Sie verstanden sich zwar nicht auf Anhieb, aber nach einer längeren Eingewöhnungszeit waren dann alle drei Frettchen ein Herz und eine Seele, wie man so schön sagt.

Seit 2005 züchte ich selbst professionell, sehr verantwortungsvoll und gewissenhaft meine geliebten Frettchen. Natürlich habe ich mit der Zeit auch noch einiges dazugelernt und verbessert, die Abläufe sind strukturierter und gut organisiert. Durch viel Erfahrung und großes Fachwissen, das ich mir über die Jahre angeeignet habe, ist natürlich manches leichter geworden. Außerdem kann ich somit viele hilfreiche Tipps weitergeben.

Meine Frettchenzucht unterliegt Kontrollen des Veterinäramts und ist geprüft und genehmigt. Selbstverständlich habe ich auch den Sachkundenachweis laut §11 des Tierschutzgesetzes zur Zucht und zum Verkauf meiner Fellnasen.

Zum Wohle meiner Frettchen arbeite ich nur auf Teilzeit. Das garantiert, dass ich sehr viel Zeit für meine Frettchen habe, sodass ich den Ansprüchen jedes einzelnen Tieres gerecht werden kann – sowohl den Omas, Opas, Tanten und Onkeln als auch den Rüden, Muttertieren und den Welpen. Das ist unter anderem auch der Grund, weshalb meine Welpen be-

Die Autorin hat schon vor Jahren ihre Leidenschaft für Frettchen entdeckt.

reits im Alter von wenigen Wochen handzahm, sehr zutraulich und bestens sozialisiert sind.

Alle Frettchen werden optimal versorgt, bekommen viel Zuwendung, Zeit und Liebe und haben viel Platz. Meine Frettchen leben in großen Gehegen, die im Herbst und Winter komplett miteinander verbunden sind. Während der Ranzzeit sind die Rüden getrennt, die Fähen laufen weiterhin in Gruppen. Erst wenn die Fähen tragend sind, wird weiter separiert, um Stress zu vermeiden. Nach der Ranz- und Welpenzeit werden die Gehege dann wieder verbunden und die Rüden dürfen zurück in die Gruppe.

Da ich nur die besten Tiere für die Zucht einsetze und strengstens auf die richtigen Verpaarungen achte, bekomme ich sehr gesunde Welpen, die einem lange Freunde bereiten. Meine Frettchen bekommen außerdem nur hochwertiges Futter in Form von Frettchen-Trockenfutter, Frischfleisch, Eintagsküken, Mäusen und ab und zu auch Nassfutter.

Die Gesundheit der Tiere und deren Sozialverhalten sind mir das Wichtigste bei der Zucht, sodass die Farben der Welpen eventuell nicht immer ganz perfekt und in vielen Varianten ausfallen.

Kurzum: Ich liebe Frettchen. Und wenn ich keine Frettchen hätte, würde ich mir welche kaufen!

Mit diesem Buch möchte ich mein Wissen, meine Erfahrung und auch meine Leidenschaft für Frettchen weitergeben an alle Tierfreunde, die sich für diese wunderbaren kleinen Vierbeiner interessieren, sich genauestens über sie informieren wollen, sie artgerecht halten und pflegen möchten oder vielleicht sogar daran denken, eine eigene Zucht aufzubauen.

Ich wünsche Ihnen viel Freude!

Anita Stockinger

Was sind Frettchen?

Wenn wir Frettchenhalter mit unseren Tieren an der Leine spazieren gehen, kommen wir kaum vorwärts. Das liegt aber nicht daran, dass die Frettchen langsam sind oder keine Lust haben, unseren Weg mitzulaufen, sondern daran, dass wir ständig von Passanten angehalten werden. Die Leute sind meistens total entzückt und wollen wissen, was das denn für Tiere sind, oder raten wild drauflos. In den Top Ten der Vermutungen stehen dann ganz oben auf der Liste Tiere wie Stinktier, Waschbär oder Biber.

Jemand, der das Wort „Frettchen" hört oder liest, kommt dann mit Sprüchen wie: „Die sehen doch aus wie Marder, nur in Grau, oder?" Das kommt dem Ganzen schon mal sehr nahe und ich bin froh, wenn sich jemand unter dem Tier und Wort „Frettchen" wenigstens ungefähr etwas vorstellen kann.

 Die Abstammung vom Iltis lässt sich nicht verleugnen.

Abstammung und Verwandtschaft

Viele Neulinge, die das Wort „Frettchen" zum ersten Mal hören, können oft nicht wirklich viel damit anfangen und sind der Ansicht, Frettchen seien Nagetiere. Das ist natürlich schon mal grundsätzlich falsch. Auch wenn Frettchen mit ihrem schmalen Schnäuzchen und den großen Kulleraugen so süß und putzig aussehen, gehören sie doch zu der Ordnung der Beutegreifer (Carnivora), also Fleischfresser. In dieser Ordnung finden sich die verschiedensten Tiere von der Katze über den Hund bis hin zu Tiger und Löwe.

Weiter gehören Frettchen in die Gattung der Erd- und Stinkmarder *(Mustela),* wie auch der Dachs, der Marder, das Stinktier und der Seeotter. Das sieht man nicht auf den ersten Blick, jedoch wissen wir, dass alle Tiere dieser Gattung Duftdrüsen besitzen.

Wir Frettchenliebhaber können übrigens froh sein, dass die Ausprägung der Duftdrüsen auch innerhalb der Gattung variiert. Bei einer plötzlichen Entleerung der Analdrüsen des Frettchens tränen einem nämlich weder die Augen noch muss man drei Tage dauerlüften und alles waschen, was in der Nähe der „Stinkbombe" war, wie es zum Beispiel beim Stinktier der Fall sein kann. Beim Frettchen riecht die „Stinkbombe" moschusähnlich.

Frettchen entleeren ihre Analdrüsen bei großem Stress, Anspannung, im Streit (auch bei Machtkämpfen), vor Schreck oder Angst.

Über das Stinktier habe ich schon Aussagen gehört wie, es rieche nach einer Mischung aus „eingeschmolzenen Autoreifen, verkohltem Mittagessen und altem Stinkekäse". Da kommen Frettchen also lange nicht ran und zum Glück ist es in Deutschland verboten, die Analdrüsen zu entfernen. Und wer Frettchen mag, wird sich auch an ihrem Duft nicht stören.

Frettchen gehören also zu den marderartigen Tieren, die sehr stark miteinander verwandt sind, wie Iltis, Nerz, Wiesel und Schwarzfußfrettchen.

Über die tatsächliche Abstammung des Frettchens ist man sich aber noch nicht so ganz sicher. Einige sind der Auffassung, das Frettchen stamme vom Waldiltis ab, andere sind der Meinung, der direkte Vorfahre des Frettchens sei der Steppeniltis. Sicher ist jedoch, dass sich das Frettchen mit dem Iltis kreuzen lässt.

Der Name „stinkender, Mäuse tötender Dieb"

Der Name „Frettchen" stammt von dem Wort „furonem" ab. Der vollständige lateinische, also wissenschaftliche Name ist *„Mustela putorius furo".* Das erste Wort, „Mustela", bedeutet Marder oder auch „Mäusekiller". „Putorius" wird von „putoris" abgeleitet und heißt „Gestank". Das letzte Wort „furo" kommt von „furonem", was „Dieb" bedeutet.

Jetzt kann man erahnen, woher die Frettchen ihren wissenschaftlichen Namen haben.

Alles in Allem kann man also sagen, Frettchen sind „stinkende, Mäuse tötende Diebe".

Einerseits hört sich das wirklich schrecklich an und ich muss sagen, dass man ihnen einen wesentlich netteren Namen hätte geben können. Vielleicht etwas wie „süße, quirlige Fellgurken mit kleinen Macken". Andererseits kann man aber durchaus nachvollziehen, woher der Name stammt, denn wenn man seine ersten Frettchen bekommen hat, dauert es meist nicht lange, bis man es herausgefunden hat.

Lässt man seine Frettchen durch die Wohnung sausen, muss man danach oft kleine Sachen, wie zum Beispiel einen Schlüsselbund mit Kuscheltieranhänger, erst einmal suchen gehen. Die meisten Frettchen verschleppen alles, was sie tragen können. Und dass Frettchen nach etwas riechen, kann man nicht verleugnen. Dazu aber später mehr.

Zur Biologie des Frettchens

Der Frettchenrüde (männliches Tier) unterscheidet sich schon beim ersten Blick optisch von der Frettchenfähe (weibliches Tier). Rüden sind wesentlich größer, schwerer und breiter. Zusätzlich fällt bei den Rüden sofort der breitere Kopf auf, was man schon bei den Welpen mit wenigen Wochen erkennen kann.

In Zahlen bedeutet das Folgendes:

- Rüden sollten etwa zwischen 1300 und 2000 g wiegen und eine Körperlänge von 45 bis 60 cm haben.
- Fähen wiegen dagegen zwischen 700 bis 1000 g und sind ungefähr 40 bis 45 cm lang.

Mit Winterspeck können die Frettchen gut und gern noch ein Drittel des Körpergewichts zunehmen. Im ersten Jahr wissen manche Frettchen noch nicht so genau, wie viel sie zulegen müssen und werden dadurch etwas moppeliger als in den folgenden Jahren. Teilweise werden Frettchen über die Winterzeit so dick, dass man kleine Speckröllchen fühlen kann. Im Sommer legt sich das wieder, sodass man agile, sportliche Frettchen bekommt.

Deshalb muss man sich auch keine Sorgen um sein Frettchen machen, wenn es zum Frühjahr hin stark abnimmt. Gesundheitlich braucht man sich auch keine Gedanken zu machen, da die Natur schon dafür sorgt, dass das Frettchen nicht zu plötzlich und zu schnell abnimmt, sondern auf gesunde Art und Weise. Zu der Gewichtsabnahme kommt im Frühjahr natürlich auch der Fellwechsel vom Winter- zum Sommerfell hinzu, wodurch das Frettchen noch schmaler wirkt.

Während des Fellwechsels wird jedes Mal das komplette Fell getauscht. Deshalb fällt nicht nur die weiche Unterwolle aus, sondern auch das farbige, längere Deckhaar.

Natürlich gibt es auch Frettchen, die sogar im Winter zu dünn oder im Sommer zu dick sind. Das sind dann meistens Hinweise auf eine falsche Ernährung und/oder zu wenig Bewegung.

Diese Bewegungsweise ist typisch für das Frettchen als Sohlengänger.

Frettchen werden vor dem ersten Frühjahr geschlechtsreif und kommen dann in die Ranz. Bei der Wohnungshaltung kann das sogar noch etwas früher eintreten. Wie auch in der Natur, wenn die Rüden während ihrer Streifzüge durch das Revier verschiedene Fähen begatten, tun sie das auch, wenn sie als Heimtier gehalten werden und die Möglichkeit dazu haben.

Frettchen sind generell zwar dämmerungsaktiv, passen sich jedoch meistens sehr gut an den Tagesablauf ihrer Menschen an. Wenn man zu Hause ist und Zeit für sie hat, sind sie wach und wollen spielen,

Der Körperbau

Frettchen haben relativ kurze, aber gut bemuskelte Beinchen und sind sehr flink. Sie sind Sohlengänger, was dazu führt, dass sie schöne Pfotenabdrücke hinterlassen. Die fünf Krallen an den Pfoten lassen sich nicht wie bei Katzen einziehen, sondern ähneln den Krallen bei Bärentatzen. Sie werden zum Greifen, beim Beutefang und zum Klettern benutzt. Außerdem können Frettchen mit diesen Krallen sehr gut buddeln.

Der Körper ist recht lang und die Rute sollte fast die Hälfte der Körperlänge betragen. Sie ist wie der Rest des Frettchens komplett behaart.

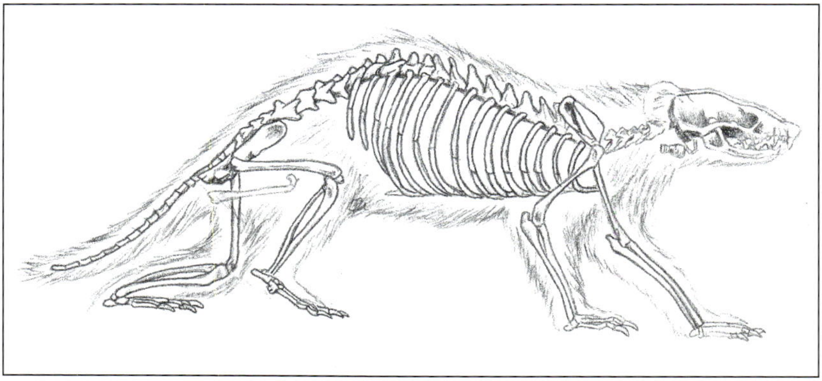

Das Skelett eines Frettchens.

Frettchen sind so beweglich, dass manche Leute sagen, sie hätten keine Wirbelsäule (was natürlich absoluter Quatsch ist!). Frettchen, die langsam laufen, sehen immer gemütlich oder sogar träge aus. Wenn sie geruhsam unterwegs sind, rüsseln sie mit ihrer Nase in jedes Eckchen und jedes Loch, um auch ja nichts zu verpassen. Wenn sie sich sicher und heimisch fühlen, hüpfen sie manchmal so unbedacht umher, dass es einfach nur lustig anzuschauen ist. Legen sie dann richtig los und flitzen durch die Bude, hüpfen und springen sie meistens wild keckernd und muckernd durch die Gegend.

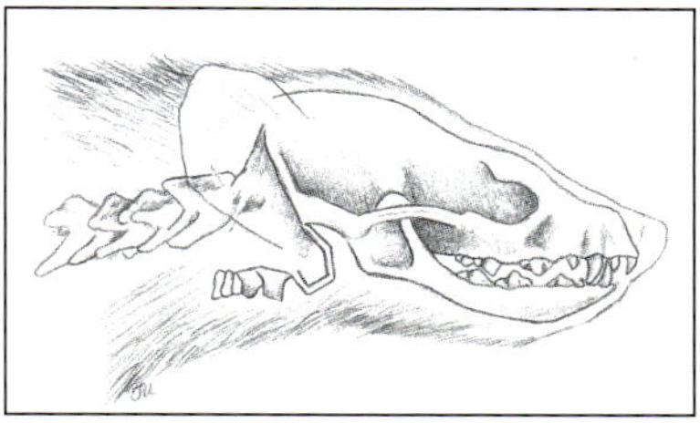

Der Schädel eines Frettchens.

Kopf, Augen, Ohren und Nase des Frettchens sind im Verhältnis zu ihrer Körpergröße nicht sonderlich groß. Durch ihr sehr gutes Riech- und Sehvermögen können sie ihre Beute aber gut wittern und verfolgen.

Der Hals eines Frettchens ist ziemlich stark und breit, sodass der Kopf einfach in den Körper überzugehen scheint. Der Kopf ist kurz und zur Schnauze hin spitz zulaufend.

Die Augen sind kugelrund und meistens schwarz oder dunkelbraun. Natürlich gibt es auch bei den Frettchen Albinos, die dann entsprechend rote Augen haben.

Inzwischen haben Züchter auch schon grüne (Green Eyed) und blaue Augen (Blue Eyed) bei Frettchen hinbekommen.

Aufgrund des relativ kleinen Kopfes im Verhältnis zum Körper können Frettchen auch in sehr kleine Gänge kriechen.

Die Ohren stehen nicht ab, sondern liegen dicht am Kopf an. Das ermöglicht den Frettchen das Hineinkriechen in alle möglichen Löcher, Gestrüppe und sonstigen Unrat, ohne sich zu verletzen. Möchte man die Ohren der Frettchen putzen, „knorkeln" manche Frettchen sie ein, damit man nicht so leicht drankommt.

Frettchen haben zwischen den Kiefern ein Scharniergelenk, was nur ein einfaches Öffnen und Schließen des Kiefers ermöglicht, sowie natürlich ein Raubtiergebiss mit insgesamt 34 Zähnen. Es besteht aus vier Reiß- beziehungsweise Fangzähnen, kleinsten Schneidezähnen im Ober- und Unterkiefer sowie den vorderen und hinteren Backenzähnen.

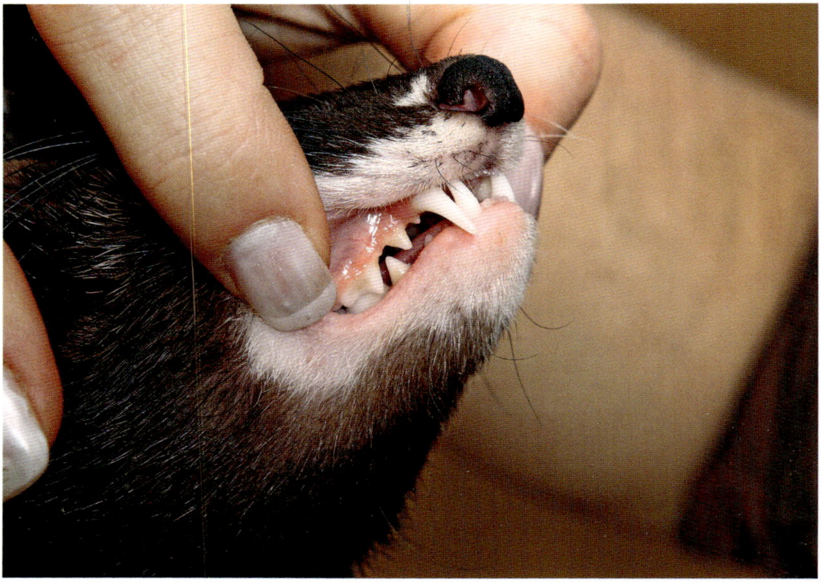

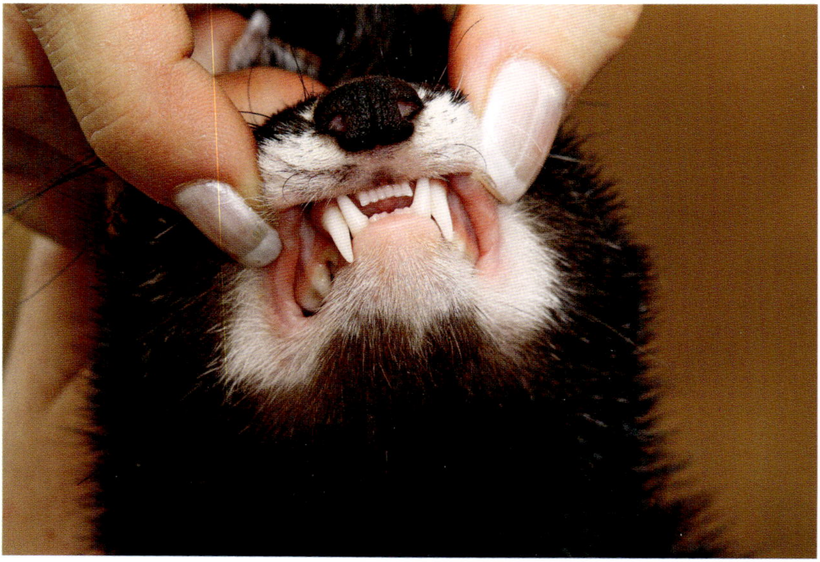

 So sieht ein korrektes Frettchen-Gebiss aus.

Die verschiedenen Zuchtformen

Bei Frettchen gibt es nicht verschiedene Rassen, sondern man spricht hier von Zuchtformen. Sie werden wiederum unterschieden nach Felllänge und Beschaffenheit des Fells sowie nach den Farben.

Felllänge

Zum einen unterscheidet man die Felllänge. Es gibt:
- Kurzhaar
- Halblanghaar
- Langhaar

Langhaar-Frettchen haben im Gegensatz zu Kurz- oder Halblanghaar-Frettchen keine Unterwolle. Das heißt, sie haben nicht diese weiche, flauschige Isolierschicht, sondern nur das längere, farbige Deckhaar. Zudem hat die alte Zuchtform des Langhaar-Frettchens einen gespaltenen und behaarten Nasenspiegel.

Langhaar-Frettchen besitzen keine Unterwolle. Dieses Tier hat noch eine behaarte Nase.

Die unbehaarte Nase wurde erst vor relativ kurzer Zeit bei den Langhaar-Frettchen durch gezielte Zucht erreicht.

Von dieser Zuchtform sollte man sich zum Wohl der Tiere in den nächsten Jahren immer weiter entfernen. Der Nachteil ist nämlich oft, dass Langhaar-Frettchen auch längere Haare in der Nase haben, wodurch man teilweise ein lauteres Atemgeräusch wahrnimmt und manche Frettchen dadurch zum ständigen Niesen neigen. Inzwischen gibt es aber auch schon Langhaar-Frettchen, die eine glatte und unbehaarte Nase haben.

Halblanghaar ist eine Mischung aus Kurzhaar und Langhaar. Halblanghaar-Frettchen besitzen aber ebenso wie Kurzhaar-Frettchen dichte, weiche Unterwolle. Sehr oft wird zwischen Kurzhaar und Halblanghaar deshalb gar kein Unterschied gemacht.

Als Zwischenstufen teilen manche Züchter auch noch die Tiere in Dreiviertel- oder Vierfünftel-Langhaar ein.

Heutzutage sind die meisten Frettchen Halblanghaar, was viele aber gar nicht wissen. Zu oft werden einem Frettchen als Kurzhaar zum Kauf angeboten, da der Züchter nicht einmal weiß, dass er in Wirklichkeit Halblanghaar-Frettchen hat. Dies hat natürlich keinen Nachteil. Schade ist nur, dass falsche Informationen weitergetragen werden.

Die Fellfarben

Bei den Fellfarben gibt es inzwischen die unterschiedlichsten Mutationen:

- Iltis hell
- Iltis dunkel
- Albino
- Harlekin
- Siam und Zimt
- Chocolate
- Dark Chocolate
- Blackself
- Blacksolid
- Silver-Harlekin
- Panda
- Pinto Panda
- Badger/Dachs
- Spotted
- Dark Eyed White (DEW) und Blue Eyed White (BEW)
- Sonderfarbe hell
- Sonderfarbe dunkel

Itis

Das Iltis Frettchen sieht seinen Vorfahren hinsichtlich der Farbgebung am ähnlichsten. Das ganze Frettchen wirkt auf den ersten Blick schwarzbraun.

Kopf, Hals, Rücken, Beine, Branten (Tatzen), Maske und das Schwänzchen sind schwarz-braun, nur an den Seiten und am Bauch scheint die hellere, weiße bis gelb/orangefarbene Unterwolle durch. Auf dem Bauch ist ein dunklerer Streifen erkennbar.

Iltis Frettchen müssen eine Maske haben, die von der restlichen dunkleren Färbung am Kopf abgetrennt sein sollte, sodass sie „frei“ steht. Die Maske kann bei den Tieren unterschiedlich stark, hell oder dunkel und breiter oder schmäler ausgeprägt sein. Manche Frettchen haben sogar nur eine Augenbrille anstelle einer Maske. Die Brille ist oft heller und sehr schmal um die Augen verlaufend. Die Nase muss einheitlich hell sein.

Iltis dunkel

Die Tiere der Farbe Iltis dunkel sind dem normalen Iltis Frettchen sehr ähnlich, aber im Gesamterscheinungsbild dunkler. Bei den dunklen Iltis Frettchen ist der ganze Kopf so dunkel, dass keine Maske deutlich erkennbar ist. Diese Frettchen haben dann oft nur helle Schatten über den Augen, die sogenannten Augenspiegel. Bei solch dunklen Iltis Frettchen ist auch kein Streifen auf dem Bauch zu sehen. Die Nase ist dunkel und ohne Flecken.

Albino

Das Albino Frettchen hat reinweißes bis leicht gelbliches Fell am gesamten Körper und rote Augen. Die Unterwolle und das Deckhaar besitzen die gleiche Farbe.

Es darf keine Flecken haben; eine Maske ist nicht vorhanden. Die Nase muss rosa und ohne Flecken sein.

Harlekin

Harlekin Frettchen dürfen jede Fellfärbung haben, solange sie symmetrisch ist. Stichelhaare sind in geringem Maße erlaubt. Die Unterwolle ist von der Grannenfarbe abhängig und gleich wie in den Farbklassen.

An der Kehle muss ein fünfmarkstückgroßer weißer Kehlfleck sein. Die Tiere sollen weiße Schuhe oder Strümpfe haben, die gleichhoch abgegrenzt sein müssen, und weiß abgesetzte Blinker an den Hinterläufen. Eine weiße Schwanzspitze ist nicht erlaubt.

Die Augen sind schwarz bis burgunderrot. Die Nase kann rosa, braun oder schwarz sein, wobei auch zwei verschiedene Farben auf der Nase auftreten können, solange die Verteilung symmetrisch erfolgt. Die Nase darf auch gepunktet oder gefleckt sein.

Siam und Zimt

Siam und Zimt Frettchen sind beige oder cremefarben. Das Fell sollte karamell- bis zimtfarben oder schokobraun sein. Wie beim Iltis Frettchen sind auch beim Siam oder Zimt Frettchen Kopf, Hals, Rücken, Beine und

Schwänzchen, Branten und Maske dunkler. Die Flanken sind heller, wodurch die cremegelbliche oder -rötliche Unterwolle hervorscheint.

Eine Maske oder Augenbrille sollte vorhanden sein.

Die Augen sind schwarz oder burgunderfarben. Der Nasenspiegel muss rosa sein.

Chocolate und Dark Chocolate

Chocolate Frettchen sind einfarbige Frettchen ohne Maske. Das Deckhaar ist einheitlich zimt- bis schokofarben ohne Flecken. Die Unterwolle ist heller, ähnlich wie bei Siam und Zimt Frettchen.

Die Augen sind schwarz oder burgunderfarben und die Nase sollte einheitlich gefärbt und ohne Flecken sein.

Dark Chocolate Frettchen müssen die gleichen Merkmale zeigen wie Chocolate Frettchen, sind aber im Erscheinungsbild und vom Deckhaar eher mokkafarben, also dunkler.

Blackself

Blackself Frettchen sind im Gesamterscheinungsbild schwarz. Sie haben schwarzes Deckhaar und dunkle oder graue Unterwolle.

Die Ohrrundungen sind weiß abgesetzt. Diese Frettchen haben ein weißes „Milchmäulchen“ von der Nase über die Mundwinkel bis hin zum Kinn.

Leichte Augenspiegel sind erlaubt. Die Nase muss schwarz und ohne Flecken sein.

Blacksolid

Blacksolid Frettchen sind den Blackself Frettchen sehr ähnlich.

Die Ohrrundungen dürfen weiß sein, die Frettchen dürfen aber kein „Milchmäulchen" haben, sondern allenfalls ein weißes Kinn von den Mundwinkeln an. Augenspiegel sind nicht erwünscht, die Nase muss einfarbig schwarz sein.

Silver-Harlekin

Beim Silver-Harlekin Frettchen sind Rücken und Beine dunkelgrau bis silberfarben. Die Unterwolle ist weiß bis cremefarben.

Wie alle Harlekine braucht auch der Silver einen fünfmarkstückgroßen weißen Kehlfleck, weiße Schuhe oder Strümpfe und weiß abgesetzte Blinker an den Hinterläufen.

Eine klare Maske darf nicht vorhanden sein, nur unter den Augen sind zwei dunkle Farbstriche erlaubt. Auf dem Kopf haben Silver-Harlekine meistens eine dunkle, eventuell dreieckige Färbung, die sich bis zum Rücken ziehen kann. Der Bauch und die Innenseite der Beine müssen weiß abgesetzt sein. Die Schwanzspitze darf weiß sein.

Die Augen sind schwarz bis burgunderrot. Die Nase kann rosa, braun oder schwarz sein, wobei auch zwei verschiedene Farben auf der Nase auftreten dürfen, solange die Verteilung symmetrisch erfolgt. Die Nase darf auch gepunktet oder gefleckt sein.

Panda

Panda Frettchen sind hauptsächlich weiß, haben aber wenige dunkle Grannenhaare auf dem Rücken, eventuell an der Seite oder bis hin zur Schwanzspitze. Die Unterwolle ist weiß bis hin zu einem hellen Cremeton.

Die Augen sind schwarz bis burgunderrot. Die Nase ist einfarbig rosa, braun oder schwarz.

Pinto Panda

Beim Pinto Panda Frettchen sind Kopf, Latz und Hals weiß. Die restliche Fellfärbung entspricht dem Siam, Zimt oder Iltis Frettchen. Eine weiße Schwanzspitze ist erlaubt.

Die Augen sind schwarz bis burgunderrot. Die Nase muss rosa sein.

Badger/Dachs

Badger oder Dachs Frettchen können unterschiedliche Fellfärbungen haben. Vom dunklen Iltis über Black bis hin zum Siam Frettchen. Ausschlaggebend ist dabei, dass die Badger/Dachs Frettchen einen weißen Streifen auf dem Kopf haben. Des Weiteren ähneln die Merkmale dem Harlekin, mit einem weißen Latz, weißen Pfoten sowie weißen Blinkern. Eine weiße Schwanzspitze ist nicht erlaubt.

Die Farbe der Unterwolle sowie die Augen- und Nasenfarbe sind jeweils davon abhängig, wie die Grannenfärbung ist.

Spotted

Spotted Frettchen – oder auch Schecken – können jegliche Fellfärbung haben. Wie der Name aber schon sagt, sind sie gescheckt, bei manchen ist die Scheckung nur am Bauch oder am Kopf, bei anderen ist das halbe Frettchen gescheckt.

Augen- und Nasenfarbe richten sich nach der Fellfärbung.

Dark Eyed White und Blue Eyed White

Dark Eyed White (DEW) und Blue Eyed White (BEW) Frettchen haben die gleichen Merkmale wie Albinos. Dennoch besitzen sie aber keine roten Augen, sondern, wie der Name schon sagt, schwarze oder blaue Augen.

Sonderfarbe hell

Alle Frettchen mit einem hellen Erscheinungsbild, die sich keiner bestimmten Farbe zuordnen lassen, bezeichnet man als Sonderfarbe hell. Auf Symmetrie wird trotzdem Wert gelegt.

Sonderfarbe dunkel

Alle Frettchen mit einem dunklen Erscheinungsbild, die sich keiner bestimmten Farbe zuordnen lassen, bezeichnet man als Sonderfarbe dunkel. Auf Symmetrie wird trotzdem Wert gelegt.

Frettieren: Mit Frettchen jagen

Frettchen sind dem Menschen schon sehr lange bekannt. Seit dem Altertum leben Frettchen bei den Menschen, allerdings nicht wie heute, um Spaß zu haben und geknuddelt zu werden, sondern als Jagdgehilfen.

Etwa um 340 v. Chr. erwähnte sogar Aristoteles Frettchen als Helfer bei der Jagd. Er schrieb über die Liebe von Frettchen zu Honig und Vögeln. Es wurden auch Schriften gefunden, in denen steht, dass eine Kaninchenplage durch die Römer mithilfe der Frettchen eingedämmt werden konnte. Man sieht also, dass die Menschen schon lange sehr großes Interesse daran hatten, den Iltis zu domestizieren.

Das Jagen mit Frettchen wird heute nur noch von wenigen Jägern ausgeübt.

Als „Frettieren" wird das Jagen mit Frettchen bezeichnet. Diese Art der Jagd ist über die Jahrhunderte weitgehend gleich geblieben. Die Menschen stöbern einen Tierbau auf und lassen das Frettchen hineinschlüpfen. Das Frettchen treibt dann Kaninchen, Mäuse oder Ratten aus ihrem Bau, an dessen Ausgängen schon die Menschen stehen, um sie zu erlegen. Früher wurde hierfür ein Fangnetz oder -kasten bereitgestellt, um die panisch herausstürmenden Tiere aufhalten und einfangen zu können. Später wurden solche Hilfsmittel nicht mehr eingesetzt, sondern die fliehenden Beutetiere wurden mit dem Gewehr erlegt.

Das Jagen mit Frettchen wird heute immer noch regelmäßig ausgeübt, auch wenn es bei vielen der modernen Jäger ziemlich in Vergessenheit geraten ist. Dennoch gibt es noch eine gewisse Menge an Liebhabern für diese jahrhundertealte Jagdmethode, die in der Regel in den Wintermonaten ab Dezember ausgeübt wird.

Eine weitere Möglichkeit, die Frettchen bei der Jagd einzusetzen, ist die sogenannte Beizjagd, bei welcher der Jäger nicht nur Frettchen, sondern auch Greifvögel – in diesem Fall als Beizvögel bezeichnet – als Jagdhelfer einsetzt. Bei der Beizjagd arbeiten die Tiere des Jägers dann sozusagen als Team zusammen. Das bedeutet, dass das Frettchen die flüchtenden Tiere aus dem Bau jagt und der Greifvogel das Tier zur Strecke bringt.

Bei dieser Jagdmethode bietet es sich an, Albino Frettchen zu verwenden, damit die Greifvögel den Unterschied des Jagdkumpans und des Beutetiers auch aus weiter Ferne erkennen können.

Von manchen Jägern werden statt der Greifvögel lieber Hunde eingesetzt, die am Ende des Baus auf das flüchtende Tier warten. Diese Methode wird meistens dann angewandt, wenn nicht geschossen werden darf, wie zum Beispiel auf Friedhöfen oder an Bahndämmen.

Aufgrund der Tatsache, dass die Beutetiere etwa von März bis Anfang September ihre Jungtiere im Bau haben, wird zu dieser Zeit nicht mit Frettchen gejagt. Es bestünde sonst die Gefahr, dass die Frettchen die Jungtiere fangen und fressen. Dies würde wiederum bedeuten, dass sich die vollgefressenen Frettchen danach viel Zeit lassen und vielleicht in dem Bau erst einmal ein Nickerchen halten. Der Jäger müsste dann viele Stunden darauf warten, dass sein Frettchen wieder herauskommt.

Da diese Gefahr natürlich immer zu einem geringen Teil besteht, nimmt man zum Frettieren meistens zwei Frettchen mit, die jeweils ein Halsband mit Glöckchen umgelegt bekommen. So werden die Kaninchen rechtzeitig gewarnt und flüchten, noch bevor das Frettchen sie erreicht hat.

Um der Gefahr ganz zu entgehen, dass die Frettchen die Beutetiere nicht selbst erlegen, wurden früher noch weitere verschiedene Methoden angewandt:

- Dem Frettchen wurde ein Maulkorb umgelegt.
- Dem Frettchen wurde das Maul zugebunden.
- Seine Zähne wurden abgefeilt.
- Seine Zähne wurden gezogen.

Das Abfeilen oder Ziehen der Zähne war ohne Zweifel Tierquälerei, daher brauchen wir hier auf diese „mittelalterlichen“ Methoden nicht weiter eingehen!

Sicherlich kommt es auch manchmal vor, dass das Frettchen ohne vollen Bauch einfach im Bau bleibt, selbst wenn sein Herrchen nach ihm ruft oder pfeift. In solch einem Fall versperrt man die Ausgänge des Baus und stellt die offene Transportkiste vor den Eingang. So wird das Frettchen nach einigen Stunden bestimmt wieder zurückkommen und in die sichere und gemütliche Transportbox kriechen.

Frettchen als Haustier?

Die Frage, ob Frettchen die geeigneten Haustiere für einen sind, lässt sich eigentlich erst dann beantworten, wenn man Frettchen einmal live erlebt hat. Denn zu oft wird nur über die Eigenschaften dieser Tiere spekuliert oder es wird behauptet, Frettchen würden stinken, nagten alles an, würden nicht stubenrein sein und so weiter.

Frettchen können eine enge Bindung zu ihren Menschen eingehen.

Wenn man viel über Frettchen gelesen hat, sich ausführlich informiert hat und vor der Überlegung steht, sich die ersten Frettchen nach Hause zu holen, sollte man zu einem Züchter oder Frettchenhalter fahren, der schon seit längerer Zeit Frettchen pflegt. Dieser wird einem viel erzählen können und Fragen beantworten, die im Alltag mit dem Frettchen auftauchen.

Frettchen, die artgerecht gehalten und gepflegt werden, beißen nicht – vorausgesetzt, sie kommen von einem Züchter, der sich viel mit seinen Welpen beschäftigt hat.

Was ich persönlich sehr toll finde, ist, dass Frettchen nicht nur zwei oder drei Jahre alt werden, wie zum Beispiel Ratten oder Hamster, sondern eine Lebenserwartung von sieben bis zehn Jahren haben. Wenn alles gut läuft, wenn also Genetik, Pflege, Haltung und Ernährung stimmen, können die Tiere sogar noch älter werden. Das älteste Frettchen, das ich kannte, starb im stolzen Alter von 13 Jahren. Das ist dann aber wirklich sehr alt und man merkte der Fähe auch an, dass sie längst eine Oma geworden war.

Wichtig!
Frettchen dürfen keinesfalls in Einzelhaltung leben. Sie müssen immer mindestens zu zweit gehalten werden. In einer Gruppe fühlen sie sich noch wohler.

Was kommt auf einen Frettchenhalter zu?

Frettchen sollten nicht mehrmals am Tag gefüttert werden, sondern müssen ständig Zugriff auf ihr Hauptfutter haben. Da Frettchen Fleischfresser sind, kommen menschliche Vegetarier selten mit dem Gedanken klar, dass Frettchen auch frisches, rohes Fleisch oder kleine, lebende Tiere fressen würden.

Für die Art, wie man Frettchen halten kann, gibt es verschiedene Möglichkeiten von der Käfighaltung über die Haltung in einem Zimmer oder im ganzen Haus bis hin zur Haltung in einem Außenstall. Näheres dazu wird noch später beschrieben (siehe „Die richtige Frettchenhaltung").

Es muss auch sichergestellt werden, dass die Fellnasen täglich einen mehrstündigen Auslauf bekommen, sodass sich die kleinen Energiebün-

Sind Frettchen gut sozialisiert und werden in einer Gruppe gehalten, fühlen Sie sich am wohlsten.

del ungehemmt bewegen können. Zudem wollen Frettchen nicht nur mit sich oder in der Gruppe toben, sondern auch mit uns Menschen. Sie brauchen Aufmerksamkeit, wollen mit uns spielen, knuddeln und kuscheln. Und Blödsinn werden sie auch von ganz allein anstellen, selbst, wenn man sich sehr viel mit ihnen beschäftigt. Hier einige Beispiele:

- Blumentöpfe werden zum Ausbuddeln bevorzugt. Die Tiere legen dann gern die Wurzeln der Pflanzen frei und verteilen die Erde rund um den Blumentopf.
- Schubladen werden aufgezogen und durchstöbert, kein Schlupfwinkel ist zu klein, überall wird hineingekrochen, um alles „anrüsseln" zu können.
- Gekuschelt wird am liebsten in den flauschigen Decken auf der Couch, teilweise auch in der Couch (ich habe von Frettchen gehört, die sich von unten in die Couch einen Tunnel gegraben haben, um ihr Nickerchen abzuhalten).
- Fensterbänke, die sie erreichen, werden abgeräumt, und zwar nicht nur, weil die Frettchen bewusst viel verschieben, sondern auch, weil sie keine Samtpfoten wie Katzen sind. Sie ähneln eher einem kleinen Elefanten im Porzellanladen.
- Kleintiere wie Mäuse, Hamster, Vögel, Meerschweinchen und Kaninchen müssen auf alle Fälle vor Frettchen in Sicherheit gebracht werden. Solche Tiere fallen für Frettchen ins Beuteschema, auch dann, wenn sie ihnen der Größe nach überlegen sind. Das Körpergewicht spielt für Frettchen keine Rolle. Sie erlegen alles, was nicht nach Raubtier riecht.
- Frettchen benötigen einige Klo-Ecken, damit sie stubenrein werden können.
- Nur die wenigsten Frettchen vergreifen sich an Stromkabeln, um sie anzunagen, wenn man ihnen andere Spielsachen und Action anbietet.
- Beim Essen muss man Acht geben, dass einem die Wurst nicht vom Brötchen geklaut wird, denn Frettchen können sehr gewieft und schnell sein, wenn es um ein vermeintliches Leckerchen geht.

Wie viel Zeit brauche ich für Frettchen?

Frettchen sind sehr neugierige und verspielte Tiere, weshalb man doch etwas Zeit für sie braucht. Sie wollen nicht nur stur in ihrem Käfig sitzen und beobachtet werden, sondern wollen aktiv mit ihrem Menschen spielen.

Man benötigt sicherlich im Alltag für sie nicht so viel Zeit wie für einen Hund, dennoch aber mehr als für einen Hamster oder ähnliche Tiere. Da die kleinen, energiegeladenen Fellnasen sehr viel Freude machen, nimmt man sich meistens freiwillig mehr Zeit für sie. Und wenn sie dann Freilauf haben, kann man sie sowieso nicht mehr bremsen. Zu gern setzt man sich dann zu seinen Frettchen mit auf den Boden. Sie flitzen wild durch die Gegend, erklimmen uns Menschen wie einen hohen Berg, muckern über den flauschigen Teppich und verschieben alles, was sie kräftemäßig verschieben können. Oft stemmen sie sich zwischen die Wand und einen Gegenstand (zum Beispiel einen Blumentopf auf dem Fensterbrett) und drücken ihn mit aller Kraft beiseite, so weit, wie die Beinchen reichen.

Frettchen schlafen sehr viel, etwa 16 bis 18 Stunden pro Tag. Einen Teil der wachen Zeit verbringen sie mit Fressen, Putzen und damit, auf die Toilette zu gehen. In der wenigen Zeit, in der sie wach sind, müssen sie dann all ihre Energie loswerden. Sie toben wie die Wilden durch die Wohnung und stellen Unfug an, besonders dann, wenn man sich nicht mit ihnen beschäftigt.

Auch der engste Raum wird manchmal für ein Nickerchen genutzt.

Sicherlich muss man Frettchen nicht ununterbrochen bespaßen. Wenn man einmal nicht allzu viel Zeit hat, kann man sie auch frei durch die Wohnung laufen lassen, während man sich nebenher um etwas anderes kümmert, sei es um den Abwasch oder den Papierkram. Ein Auge und ein Ohr sollten jedoch immer wieder bei den Frettchen sein.

Aufregender finden es die Frettchen aber natürlich, wenn der Mensch auch umhertobt oder mit ihnen kuschelt.

Schön wäre es sicherlich, wenn die einzige Zeit, die man aufbringen muss, nur aus Spielen besteht. So ist es aber natürlich nicht.

Das gehört zu den täglichen Arbeiten:

- Die Frettchentoiletten müssen mehrmals täglich sauber gemacht werden. Je nachdem, was man als Einstreu verwendet, ist das mehr oder weniger zeitintensiv.
- Kothäufchen und Urinpfützen, die daneben gegangen sind, müssen entfernt und die Stellen desinfiziert werden.
- Ausgebuddeltes Futter muss weggefegt werden.
- Wasserflaschen, -behälter und Futternäpfe müssen täglich gesäubert werden.
- Die Schlafhöhlen müssen täglich auf verschlepptes Futter hin kontrolliert werden, sodass man altes Futter entfernen kann. Das ist gerade bei der Frischfleisch- oder Dosenfütterung sehr wichtig.

Das gehört zu den wöchentlichen Arbeiten:

- Komplette Reinigung der Frettchentoiletten, das heißt, Einstreu vollständig entfernen, damit die Toiletten mit heißem Wasser ausgewaschen werden können.
- Reinigung aller Holz- und Plastikgegenstände im Käfig oder Zimmer, mit denen die Frettchen täglich Kontakt haben.
- Hängematten, Kuschelsäcke und sonstige Stoffartikel werden in der Waschmaschine gewaschen. Wichtig: Ohne Weichspüler!

Das gehört zu den monatlichen Arbeiten:

- Desinfektion des Käfigs nach gründlicher Reinigung mit heißem Wasser.
- Desinfektion der Spielsachen.

Da Frettchen so manche Gegenstände etwas anders nutzen als gewünscht, sind regelmäßig Reinigungsarbeiten erforderlich.

Stinken Frettchen?

Ob Frettchen stinken oder nicht, kann man nicht so einfach beantworten. Manche „Neulinge“ trauen sich kaum an Frettchen ran, weil diese angeblich so übel riechen, andere finden, Frettchen würden nach Honig duften. Auf Frettchenausstellungen standen auch schon Besucher vor mir und mit ihrer Nase direkt über den Ausstellungskäfigen und fragten mich ernsthaft, ob Frettchen stinken würden!

Ich persönlich habe mich einfach an den Geruch gewöhnt, sodass ich ihn im Alltag gar nicht wahrnehme. Wenn ich ihn allerdings doch einmal bemerke, stört er mich keineswegs, sondern ich muss sofort lächeln, weil ich unweigerlich an meine Süßen denken muss.

Den Geruch der Rüden während der Ranz finde ich selbst nicht sonderlich attraktiv, aber auch hier gibt es „Anhänger“, die diesen speziellen, intensiveren Geruch mögen.

Es ist und bleibt also Ansichts- und Gewöhnungssache.

Unkastrierte Frettchen riechen besonders während der Ranz stärker als kastrierte Tiere. Sinnvoll ist es, seine Frettchen schon vor der ersten Ranz kastrieren zu lassen, da sie dann nicht gelernt haben, in der Wohnung zu markieren, sie nicht so stark riechen und man unterschiedliche Geschlechter nach der Kastration nicht wochenlang getrennt halten muss, weil sie noch zeugungsfähig sind und auch noch nach der Kastration ein „Unfall“ passieren könnte.

Der Geruch ist meiner Ansicht nach sehr stark abhängig von der richtigen Pflege, einer artgerechten Ernährung und zum Teil auch von den Genen. Seine Frettchen zu waschen würde nicht viel bringen, im Gegenteil, man würde den Geruch noch stärker wahrnehmen.

Um den Geruch der Frettchen gering zu halten, muss nur Folgendes beachtet werden:

- Die Toiletten müssen täglich mehrmals gesäubert werden.
- Geeignete Katzeneinstreu ist enorm wichtig.
- Die Ernährung muss perfekt ans Frettchen angepasst sein.
- Der Käfig muss bei Bedarf gereinigt werden.
- Die Kuschelsachen müssen sauber gehalten werden.

Die richtigen Frettchen finden

Frettchen sind sehr verspielt und turnen auch gern auf ihren Menschen herum.

Perfekte Anfängerfrettchen lassen sich natürlich nicht so einfach finden. Jeder Mann, jeder Frau und auch jedes Frettchen sind unterschiedlich, haben verschiedene Angewohnheiten und Macken und natürlich komplett unterschiedliche Vorstellungen von einem perfekten Zusammenleben. Deshalb muss man sich im Vorfeld überlegen, was man möchte.

Ein einzelnes Frettchen kann man natürlich nicht halten, da es nie glücklich wäre. Und bestimmt findet man auch kein Frettchen, das geruchlos ist, absolut nichts verschleppt, sich mit dem Hamster verträgt und mit dem Wellensittich kuschelt, zu einhundert Prozent in die Toilette trifft, keine Blumentöpfe ausbuddelt und so weiter. Vielleicht würde sich eine Fellnase mit ein bis zwei dieser tollen Eigenschaften finden lassen, aber alles andere wäre kein normales Frettchen.

Gesunde Frettchen wollen ständig toben, spielen, sich gegenseitig herumbalgen, hüpfen, gockern, sich putzen, miteinander kuscheln und so weiter. Während des Spielens und des Auslaufs lassen sich Frettchen allen möglichen Unsinn einfallen und verwirklichen ihn auch prompt. Manchmal habe ich das Gefühl, dass sich die Fellnasen nicht nur irgendeinen Quatsch ausdenken, sondern dass ihnen die verrücktesten Sachen in die Wiege gelegt worden sind und einfach aus Reflex geschehen.

Welpe oder Abgabefrettchen?

Generell ist die Frage natürlich nicht einfach zu beantworten, ob ein Welpe, ein Jungtier oder ein älteres Tier besser für einen geeignet ist.

Prinzipiell kann man sagen, dass sich Welpen und junge Frettchen einfacher in bestehende Gruppen integrieren lassen als Frettchen nach ihrer Pubertät. Alles Weitere zu verallgemeinern wird aber schwieriger.

Sicherlich kann man sich Welpen, die man zu sich holt, leichter erziehen und ein wenig in die Richtung biegen, wie man es möchte. Sie hatten in ihrem bisherigen, kurzen Leben noch zu wenig Zeit, um sich falsche

Ideal ist es, wenn der neue Hausgenosse noch keine schlechten Erfahrungen gemacht hat.

und unerwünschte Verhaltensmuster anzugewöhnen, was manches einfacher macht. Bekommt man als Anfänger aber einen bissigen Welpen, wird man es nur sehr schwer oder gar nicht hinbekommen, dass er handzahm wird. Frettchenzähne sind sehr spitz. Daher schleicht sich in den meisten Fällen Angst ein und die Fehler, die der Frettchenbesitzer macht, werden größer.

Fast jeder, der sich dazu entscheidet, Frettchen mit in die Familie aufzunehmen, möchte sich Welpen holen. Frettchenwelpen machen für Anfänger aber nur dann Sinn, wenn sie von einem tollen Züchter stammen, bei dem sie bereits vor der Abgabe gelernt haben, was sich gehört und was nicht. Vermutlich wird das eine oder andere Fettchen im neuen Zuhause die Grenzen des neuen Besitzers testen, um zu schauen, was er sich gefallen lässt und wie man am besten das bekommt, was man erreichen möchte. Davor muss man vom Züchter gewarnt und vorbereitet worden sein, um entsprechend zu reagieren.

Achtung!
Freche sowie schlecht oder gar nicht erzogene Frettchenwelpen sind nichts für Anfänger, sondern sollten zu einem frettchenerfahrenen Menschen kommen, der weiß, worauf er sich einlässt und wie er mit verschiedenen Situationen umzugehen hat.

Mit Jungtieren oder gesitteten, älteren Abgabefrettchen kommen Anfänger natürlich auch bestens klar – solange die Tiere nur kleine „Macken" haben, die nicht zwingend ausgebügelt werden müssen, sondern mit denen man leben und sich arrangieren kann.

Je nachdem, woher man die Tiere bekommt, kennt man eventuell die Vergangenheit nicht genau oder gar nicht. Das bedeutet, man kennt auch nicht die Abstammung und somit eine mögliche Anfälligkeit für bestimmte Krankheiten und hat auch keine Ahnung, was das Frettchen in seinem bisherigen Leben zu fressen bekommen hat. Da eine falsche Ernährung die Gesundheit beeinträchtigen sowie die Lebensdauer verkürzen kann, ist dieses Thema ein nicht unwesentlicher Aspekt. Außerdem weiß man auch oft nicht, wie verträglich ein solches Frettchen ist oder welche ungewünschten Verhaltensweisen es sich schon angeeignet hat.

Tipp
Ein guter Züchter sollte seine „Monsterbabys" so lange selbst behalten, bis sie wissen, wie man sich zu benehmen hat, auch wenn er sie dann ein paar Tage oder Wochen länger bei sich behalten muss.

Bereit zum Umzug!

Frettchenkauf

Wenn man sich dazu entschieden hat, Frettchen bei sich zu Hause einziehen zu lassen, stellt sich die Frage, woher man die Frettchen bekommt. Heutzutage gibt es ja einige Möglichkeiten.

Es gibt seriöse Züchter, Tierheime oder Tierschutzvereine, die Frettchen aufgenommen haben, oder sogar Frettchenhilfen, die sich um die Vermittlung kümmern. Leider bekommt man Frettchen viel zu oft auch von unseriösen Züchtern und Vermehrern, ja sogar aus Tierhandlungen. Im Folgenden sind die Vor- und Nachteile verschiedener Anbieter aufgeführt.

Welpen oder Jungtiere vom verantwortungsvollen Züchter

Wer einen seriösen Frettchenzüchter gefunden hat, der kann sich glücklich schätzen. Denn hier werden die Elterntiere sorgfältig ausgewählt, gut erzogen und bestens ernährt. Die gesunden Welpen werden altersgemäß gefüttert und schauen sich das richtige Sozialverhalten bei ihren Eltern und anderen Artgenossen ab, um es mit den Geschwistern und anderen Welpen üben zu können.

Die Frettchen werden gut erzogen und ihnen wird viel beigebracht. Schließlich müssen sie lernen, erfolgreich auf die Frettchentoilette zu gehen und nicht in alles reinzubeißen, was nicht nach Frettchen riecht.

Bei einem verantwortungsvollen Züchter werden die Welpen vor der Abgabe in ihr neues Zuhause dem Tierarzt vorgestellt, von ihm untersucht, geimpft, gechippt und entwurmt.

Außerdem hat man nach dem Frettchenkauf beim Züchter auch noch bei später auftretenden Fragen oder Problemen immer einen direkten Ansprechpartner. Die Züchter selbst wollen schließlich, dass es ihren Schützlingen auch nach der Abgabe weiterhin gut geht und sie bestens versorgt sind. Deshalb wird der Züchter auch immer darauf achten, nur so viele Würfe und Welpen zu haben, dass er sie vermitteln kann, und notfalls genug Platz, Geld und Zeit hat, um Welpen selbst zu behalten.

!

Hier ein paar einfache Testfragen, die ein guter Züchter beantworten können muss:

- Wie viel Fett und wie viel Proteine sollte gutes Frettchenfutter enthalten?
  Antwort: 23 Prozent Fett und 40 Prozent Proteine.

- Wie hoch sollte der Fleischanteil im Frettchenfutter sein?
  Antwort: mindestens 80 Prozent.

- Wie lange tragen Fähen?
  Antwort: in der Regel genau 42 Tage.

- Ab wann fangen die Welpen an zu fressen und was bekommen sie?
  Antwort: Je nach Wurfgröße mit etwa drei Wochen, idealerweise püriertes Fleisch mit zugesetzten Mineralstoffen.

- Wann öffnen die Welpen ihre Augen?
  Antwort: etwa mit der 5. Lebenswoche.

- Ab wann werden die Welpen abgegeben?
  Antwort: Das hängt von der Entwicklung der Welpen ab, aber frühestens mit der 8. Woche.

Frettchen vom Vermehrer

„Vermehrer“ ist natürlich kein seriöser Begriff und somit von den „Vermehrern“ auch nicht selbst gewählt. Sie nennen sich ebenfalls „Züchter“, was den Ruf vieler wirklicher, verantwortungsbewusster, liebevoller Züchter oftmals schlecht macht.

Vermehrer sind nicht immer nur böse Menschen, denen die Tiere egal sind und die nur möglichst viel Geld verdienen möchten. Diese Sorte

„Mensch" gibt es natürlich auch. Nein, in den häufigsten Fällen sind Vermehrer einfach nur unwissende Frettchenhalter und -züchter. Aber auch hier gibt es große Unterschiede.

Manche „Dosenöffner" (Frettchenhalter) wissen zum Beispiel überhaupt nicht, dass sie zwei oder mehr Frettchen unterschiedlichen Geschlechts haben. Andere wussten nicht, dass es so etwas wie die „Ranz" gibt, in der die Fähe plötzlich geschlechtsreif wird, ohne sichtbare Zeichen der Pubertät zu zeigen. Wieder andere haben nicht gewusst, dass Frettchen auch schon mit einem halben Jahr zeugungsfähig oder aufnahmebereit sind. In diesen Fällen kommt es dann eben „überraschend" zum unerwünschten Nachwuchs.

Normalerweise ist es aber so, dass die Frettchenhalter irgendwann den Wunsch haben, von ihrem Liebling Nachwuchs zu bekommen – wenigstens einmal! Solche Leute haben aber leider einfach zu wenig Frettchenerfahrung und Kenntnisse, um diese Tiere zu züchten. Generell ist zu beachten, dass man in eine Frettchenzucht wesentlich mehr Zeit, Geduld, Arbeit und Geld investieren muss, als wenn ein Meerschweinchen oder ein Hamster Junge bekommt. Ja, selbst erfahrene Hundezüchter haben schon mehrfach geklagt, dass sie die Frettchenzucht unterschätzt hätten.

Welpen vom Vermehrer oder vom schlechten Züchter werden oft nicht artgerecht ernährt, die Elterntiere wurden nicht auf ihre Verwandtschaft hin überprüft und dadurch können Erbkrankheiten weitergegeben werden. Außerdem bekommen solche Tiere keine Erziehung und werden auch keinem tierärztlichen Gesundheitscheck unterzogen, geschweige denn, gegen schlimme Krankheiten geimpft oder entwurmt.

Tiere vom Vermehrer werden meistens zu Dumpingpreisen verscherbelt. Dennoch sollte man von ihnen die Finger lassen.

Frettchen aus Tierhandlungen

Wer Frettchen aus Tierhandlungen kauft, erfährt meistens nicht, woher die Tiere kommen und wie sie gezüchtet wurden. Entweder wissen es die Verkäufer nicht genau oder sie dürfen es nicht verraten, weil die Tiere beispielsweise aus riesigen Zuchtfarmen aus Neuseeland oder Amerika stammen. Bei solchen Welpen ist oft schon viel in ihrem kurzem Leben passiert: Sie wurden kastriert, die Analdrüse wurde entfernt (was in Deutschland verboten ist!), sie wurden viel zu früh von der Mutter getrennt. Man weiß nichts über das genaue Alter, den Lebenslauf, eventuell bereits aufgetretene Krankheiten und vollzogene Behandlungen und so weiter. Man kennt die Tiere nicht und weiß auch nicht über sie Bescheid. Selten wird man auf eine Tierhandlung treffen, die ihre Frettchen nicht irgendwo vom Händler zukauft, sondern direkt vom Züchter.

Sollten sie von einem seriösen Züchter stammen, lässt sich vielleicht über eine Chipnummer herausfinden, wie alt das Tier ist und wer seine Eltern oder Geschwister sind. Frettchen aus Tierhandlungen sind durch mangelndes Training meistens nicht sonderlich geübt, auf die Frettchentoilette zu gehen, und sind leider auch wegen Haltung auf zu engem Platz aufgedreht. Wegen fehlender Zeit für die tägliche Beschäftigung und mangelndem Interesse sowie schlechter Schulung des Personals sind sie oft nicht handzahm.

Der praktische Aspekt eines Erwerbs in einer Tierhandlung ist der, dass man das komplette Zubehör oft direkt (mehr oder weniger passend zum Frettchen) gleich dazukaufen und mitnehmen kann.

Frettchen aus Frettchenhilfen

Frettchenhilfen werden oft von Leuten ins Leben gerufen, die selbst Frettchen haben oder hatten und sich diesen Tieren verschrieben haben. Sie sind meist sehr liebevoll im Umgang mit den Tieren und suchen einen guten Platz für ihre Lieblinge. Sie umsorgen sie bestens und versuchen, jedem Tier gerecht zu werden. Frettchen, die dort landen, sind oft Tiere, die

Die Vergesellschaftung war für diese Frettchen kein Problem.

zum Beispiel in Tierhandlungen spontan gekauft wurden, weil sie so süß sind. Später hat man dann aber festgestellt, dass sie (oh, welch unvorhergesehenes Ereignis!) auch Arbeit machen und Geld kosten.

Die meisten Frettchen dort sind auch schon älter, manche haben unheilbare Krankheiten und andere lassen sich nicht vergesellschaften, weil sie vielleicht ihr Leben lang allein gehalten wurden. Man kennt auch meistens nicht den genauen Verlauf von dem, was das Frettchen schon alles erlebt hat, wie es ernährt wurde und welche Krankheiten genetisch in ihm stecken. Dennoch findet man dort manchmal einen Kumpel für sein Frettchen, dessen Partner verstorben ist. Oder man gibt einem einzelnen Frettchen, das sich nicht vergesellschaften lässt, ein schönes, neues Zuhause, wenn man sehr viel Liebe, Zuneigung und Zeit zu verschenken hat.

Frettchen aus Tierheimen und vom Tierschutz

Frettchen, die im Tierheim oder in einer Einrichtung einer Tierschutzorganisation verweilen mussten, sind meistens froh, in ein neues Zuhause zu kommen. Nicht immer sind Frettchen in solchen Einrichtungen gut aufgehoben, da die Fachleute sich dort eher mit Hunden, Katzen, Nagern und Vögeln auskennen, aber nicht mit Frettchen. Das heißt in den allermeisten Fällen leider auch, dass die Frettchen nicht artgerecht untergebracht sind und falsch ernährt werden.

Natürlich sind auch solche Frettchen oft nicht wirklich handzahm, erzogen oder gut sozialisiert. Das Problem ist hierbei außerdem, dass man vor, während und nach dem Kauf keinen Ansprechpartner hat, der sich wirklich mit Frettchen auskennt und der einem bei Problemen weiterhelfen kann.

 Frettchen versuchen alles zu untersuchen, wenn sie ihr Umfeld erkunden.

„Schwierige" Frettchen

Frettchen sind knuddelige, verspielte Fellnasen, die für jeden Blödsinn zu haben sind. Das ist die Grundregel. Aber natürlich gibt es auch Frettchen, mit denen man nicht nur Spaß hat, seien es von ihrem Vorbesitzer verzogene Frettchen oder bissige und schlecht erzogene Frettchen von unseriösen Züchtern oder aus dem Tierheim. Natürlich können es auch Frettchen aus sehr schlechter Haltung sein oder welche, die schlimme Dinge erlebt haben.

Bei Frettchen, die schon älter sind, weiß man auch nie, was sie in ihrem Leben schon durchgemacht und erlebt haben. Wenn man sich ein Tier holt, das kein Welpe mehr ist, kann man oft nicht mehr viel an ihm erziehen. Es haben sich dann meistens über die Monate und Jahre verschiedene Verhaltensweisen und Eigenarten manifestiert, die man so einfach nicht wegerzogen bekommt. Deshalb sind ältere Frettchen nicht automatisch für Anfänger geeignet.

Im Gegenteil, die verzogenen Frettchen, die Zeit hatten, sich den Blödsinn über längere Zeit einzuprägen, sind oft nur sehr schwer zu erziehen und an etwas Neues zu gewöhnen. Frettchen, die beispielsweise jahrelang gelernt haben, dass sie ihren Menschen beißen können und dann vor Angst in Ruhe gelassen werden, hatten natürlich durch ihre Erfolgserlebnisse eine starke Prägung. Das heißt automatisch, dass diese Frettchen lange – mit viel Geduld, Ausdauer, Konsequenz, Schmerzen und Liebe – dazu gebracht werden müssen, nicht mehr zu beißen. Das bedeutet für die Tiere, dass sie ihr Verhalten ändern sollen, was sie erst einmal verstehen müssen. Schließlich lief das bisherige Leben genau nach ihren Vorstellungen.

Frettchen, die nie gelernt haben, auf die Toilette zu gehen, wird man nach allzu vielen Monaten oder Jahren dann auch schwer dazu bewegen können, wenn sie plötzlich eine Frettchentoilette vorgesetzt bekommen, bei der sie sich kein eigenes Klo-Eckchen aussuchen dürfen und dann auch noch den Popo anheben müssen, um ihr kleines oder großes Geschäft zu verrichten.

Wenn man ein Gespür für Tiere hat und artgerecht mit Frettchen umgeht, entstehen einem auch als Neuling keine Probleme, solange man gewillt ist, sich weiterzubilden. Sicherlich macht es keinen Sinn, Frettchen zu holen und sich erst im Nachhinein über diese verrückten, süßen Tiere zu informieren.

! **Hinweise für die Auswahl der Tiere**

Wenn Sie sich für bestimmte Frettchen entscheiden, achten Sie auf Folgendes:

- Der Verkäufer oder Züchter sollte freundlich und hilfsbereit sein, sich mit seinen Tieren auskennen und auf fast alle Fragen antworten können.
- Er muss sich liebevoll und geduldig um die Tiere kümmern und voller Vertrauen zu ihnen agieren. Außerdem sollte er sich für den Käufer und die Haltung der Frettchen interessieren und einem auch nach dem Kauf mit Rat und Tat zur Seite stehen.
- Die Gehege oder Käfige müssen sauber und ordentlich sein und sollten außerdem frettchengerecht eingerichtet sein.

Die Frettchen

- müssen neugierig und aufgeweckt sein. Wenn Welpen allerdings den Besuch verschlafen, ist das nicht gleich dramatisch, da Frettchen in diesem Alter einfach sehr viel Schlaf brauchen und vielleicht kurz vorher wild herumgetobt haben.
- dürfen nicht aggressiv und bissig sein, sondern müssen ohne Angst und ohne Handschuhe oder Ablenkung (zum Beispiel durch Vitaminpaste) herausgenommen werden können. Ältere Frettchen müssen das auf jeden Fall gelernt haben. Sehr junge Frettchen dürfen sich auch einen klitzekleinen Fehltritt leisten. Dennoch sollte man merken, dass sie, wenn sie zwicken, es aus Übermut tun und nicht aus Angst oder Aggression. Dies könnte sonst von schlechter Haltung, gemeinen Erfahrungen und mieser Sozialisation zeugen.
- dürfen keinen Durchfall haben, was oft an einem verschmutzten After zu erkennen ist.
- dürfen keine verklebten Augen haben. Die Augen müssen klar sein und die Nase darf auch nicht verklebt sein oder Ausfluss haben.
- müssen gesundes, sauberes, glänzendes Fell ohne Verklebungen haben.
- müssen ordentlich gekürzte Krallen und saubere Ohren haben.
- dürfen keine Zahnfehlstellungen haben.

Die richtige Frettchenhaltung

Wenn Sie sich dafür entschieden haben, dass Frettchen bei Ihnen einziehen sollen, müssen Sie sich natürlich zuerst Gedanken darüber machen, wie und wo Sie die Tiere halten möchten.

Hierfür gibt es verschiedene Möglichkeiten, je nachdem, wie viel Platz man bieten kann und möchte oder wie viel Zeit man täglich hat, um sich mit seinen Frettchen zu beschäftigen. Außerdem hängt es auch davon ab, wie groß die Frettchengruppe sein soll. Je größer die Gruppe ist, desto mehr Platz wird natürlich benötigt.

Für die Art der Haltung gibt es verschiedene Möglichkeiten:

- Käfighaltung
- Haltung im Frettchenzimmer
- Wohnungshaltung (wie bei Katzen)
- Außenhaltung

Wichtig für eine Frettchenbehausung sind viele Klettermöglichkeiten.

Haltung im Käfig

Wer seine Frettchen in einem Käfig unterbringen möchte, sollte entweder eine große Vogelvoliere in Betracht ziehen oder sich selbst einen Käfig anfertigen.

Da Frettchen sehr aktive Tiere sind, muss der Käfig entsprechend groß sein. Pro Frettchen sollte man mindestens eine Größe von 2 Quadratmeter rechnen. Somit kann man zwei bis drei Frettchen gut in einem Käfig von 120 cm Breite, 90 cm Tiefe und 200 cm Höhe halten. In solch einem Käfig kann man mit vier Etagen rechnen. Knapp 50 cm hoch sollten die einzelnen Etagen sein, damit sich auch große Rüden strecken und „Männchenmachen" können.

Möchte man seine Frettchen in einem „Käfig" halten, bietet es sich an, einen ausgedienten Kleiderschrank selbst umzubauen und an seine Frettchen anzupassen.

Praktisch finde ich es, wenn die unterste Etage nicht bis zum Boden reicht, sondern in etwa 30 cm Höhe angebracht ist, damit die Frettchen nicht sofort herauslaufen, wenn man die Tür öffnet. Im selbst gestalte-

Ein Käfig muss groß genug und frettchengerecht ausgestattet sein.

ten Frettchenreich müssen die Holzetagen nicht alle den gleichen Abstand haben, sondern man kann sie in verschiedenen Höhen einbauen. Am sinnvollsten sind Etagen, die (wie Zwischenböden in einem Kleiderschrank) komplett durchgängig sind. So haben die Frettchen mehr Platz und auch die Verletzungsgefahr ist geringer.

Vorteilhaft ist es auch, wenn die Türen so gebaut werden, dass sie sich getrennt für die einzelnen Etagen öffnen lassen, damit nicht durch eine Tür automatisch eine ganze Seite geöffnet wird.

Sägt man die Türen aus, bleiben nur die äußeren Ränder wie ein Bilderrahmen stehen. Alles, was ausgesägt wurde, muss nun mit Volierendraht vergittert werden. Das zurechtgeschnittene Gitter wird am besten an den Außenseiten der Schranktüren befestigt, damit sich die Frettchen nicht an den scharfen und spitzen Kanten verletzen können.

Am besten verbindet man die Etagen miteinander nicht in dem Käfig, sondern außerhalb. Angenommen, man baut Treppen zwischen den Etagen ein, dann führt es automatisch dazu, dass man ein Loch in den Boden sägen muss, damit die Frettchen hindurchschlüpfen können. Das nimmt unnötigerweise wieder Platz der Spielwiese weg. Außerdem finden es viele Frettchen lustig, Gegenstände (wie zum Beispiel Futternäpfe) aus der oberen Etage nach unten zu verfrachten, was Scherben geben oder die anderen Frettchen verletzen kann, wenn ihnen etwas auf den Kopf oder sonst wohin fällt. Deshalb ist es sinnvoller, die Etagen außerhalb zum Beispiel mit Röhren zu verbinden (wie auf dem Foto S. 45 zu sehen), durch die unsere Frettchen dann auch gleich sausen oder in denen sie spielen können.

Die Röhrenlösung macht auch das Putzen einfacher, da man nicht unter den Ritzen der Treppe putzen muss, sondern die Röhren bei Bedarf abnehmen und in der Badewanne oder im Garten abwaschen kann. Sollte dies nicht mehr helfen, kann man sie auch einfach austauschen.

Wenn man einen Käfig aus Holz gebaut hat, müssen die Böden entweder mit PVC ausgelegt oder gefliest werden, damit man alles besser reinigen kann. Keiner möchte einen Holzkäfig, der sich mit Urin, Kot, Nassfutter, Fleisch und so weiter vollsaugt und sich nicht desinfizieren lässt.

Egal, ob man seinen Käfig mit Fliesen versieht oder mit PVC-Boden beklebt, man muss darauf achten, dass man nicht nur den Boden belegt, sondern auch die Seitenwände und die Rückwand bis etwa 15 cm Höhe mit einbezieht. Sonst laufen die Pfützchen trotz der Mühe an den Rand des Belags und somit in die Ritzen des Holzkäfigs.

Der PVC-Belag sollte so verlegt und befestigt werden, dass er für die Frettchen möglichst wenig Angriffsfläche bietet. Energische Frettchen würden den Belag sonst bei Langeweile oder Ausbruchsversuchen abreißen oder „wegbuddeln". Man kann also den PVC-Belag entweder so verlegen, dass er über die Kanten hinaus über die Bretter hinausragt und umgeklappt werden kann (dann kann man den Belag unterhalb ankleben und festtackern oder festnageln), oder die Käfigtüren werden so angebracht, dass sie vor dem PVC-Ende abschließen.

Der Umbau vom Kleiderschrank zum Frettchenreich.

Da Kaninchendraht für Frettchen oft zu instabil ist, sollte man nur den kräftigeren, punktverschweißten Volierendraht verwenden. Dieser ist nicht sechs- oder achteckig, sondern quadratisch und die Drähte sind dicker und somit stabiler. Da der abgeschnittene Draht scharfe Kanten hat, muss er so verbaut werden, dass die Frettchen sich nicht verletzen können. Er sollte sich also immer auf der Außenseite befinden. Darüber wird dann noch eine Holzleiste geklebt, damit auch wir Menschen nicht daran hängen bleiben. Außerdem sieht das schöner aus.

Ist der Käfig sehr groß und hat hohe Etagen, kann man sogar einen Kratzbaum darin unterbringen.

Frettchenzimmer

Ein Frettchenzimmer ist in den meisten Fällen ein Paradies für die Kleinen.

Auch hierfür gibt es verschiedene Varianten:

- Die Frettchen schlafen im Käfig und dürfen ins Zimmer, wenn Herrchen und Frauchen nach Hause kommen.

So kann ein Frettchenzimmer aussehen.

Viel Platz!
Selbst, wenn das Frettchenzimmer sehr groß ist, sollten die Frettchen genügend Abwechslung bekommen und auch in anderen Zimmern, der Wohnung oder dem ganzen Haus flitzen dürfen. Frettchen sind so unternehmungslustig und quirlig, dass ihnen sonst selbst im geräumigen eigenen Zimmer langweilig wird.

- Die Frettchen sind Tag und Nacht in ihrem Zimmer.
- Die Frettchen sind zum Schlafen im Zimmer. Wenn Herrchen und Frauchen nach Hause kommen, dürfen sie in der Wohnung beziehungsweise im Haus frei laufen.

Auch für das Frettchenzimmer sollte man nicht unbedingt Teppich als Bodenbelag wählen.

Natürlich kann man als Frettchenzimmer jeden Raum auswählen, der genug Lichteinfall hat, ohne dass es im Sommer tropisch heiß darin wird. Das Tolle an einem Frettchenzimmer ist nicht nur der viele Platz auf einer Ebene, sondern auch, dass man alles dreidimensional bauen kann. Damit meine ich zum Beispiel große Kratzbäume, die aufgestellt werden können. In Käfigen ist das gar nicht oder nur mit sehr kleinen Kratzbäumen zu verwirklichen. Zusätzlich zum großen Spiel-, Kletter- und Kratzbaum kann man große Röhrensysteme auf dem Boden verlegen und Hängematten von der Decke baumeln lassen. (Näheres zu dem Mobiliar und den Spielgeräten finden Sie im nächsten Kapitel.)

Auch hier gilt: Je größer das Frettchenreich ist, desto besser.

Freie Wohnungshaltung

Manche Frettchen haben das Glück, sich jederzeit frei und selbstständig in der Wohnung oder dem Haus bewegen zu dürfen. Wenn Sie Ihre Frettchen so halten möchte, sollten Sie dennoch auch hierbei klein anfangen und den Frettchen nicht von Anfang an jeden Raum zur Verfügung stellen. Bei Welpen würde ich sogar ganz klein mit einem Käfig beginnen, in dem sie die ersten Tage gehalten werden. So gewöhnen sie sich auch daran, dort zu schlafen und auf die Toilette zu gehen. Haben sich die neuen Frettchen dann eingelebt und sich an den Umgang mit ihrem neuen Besitzer und die neue Umgebung gewöhnt, kann man ihren Spielraum erweitern.

Anfangs würde ich sie in dem Zimmer toben lassen, in welchem der Käfig steht. Sie werden sich zum Schlafen an ihren gewohnten Schlafplatz zurückziehen und nach dem Aufwachen ist dann auch die Frettchentoilette nicht weit entfernt.

Haben sich die Frettchen an den Raum gewöhnt, darf man ihnen nach und nach mehr Platz zur Verfügung stellen. Vermutlich wird man dann irgendwann mehrere Toiletten aufstellen müssen, wenn das Frettchenreich immer größer wird.

Bei Frettchen in dieser Haltungsform empfehle ich den Haltern, die Kleinen an ihre Namen zu gewöhnen, damit man sie einzeln rufen kann, sollten sie mal nicht auffindbar sein.

Außenhaltung

Werden die Frettchen in einer Gruppe oder mindestens zu zweit gehalten und sind körperlich fit und gesund, kann man sie sehr gut ganzjährig draußen halten. So können die Frettchen zum Beispiel Vögel beobachten, fremde Gerüche wahrnehmen und, wenn sie möchten, in der Hängematte die Abendsonne genießen.

Für die Außenhaltung gibt es aber wichtige Punkte, die beachtet werden sollten. Der Käfig oder die Voliere sollte so stehen, dass die Tiere im Sommer nicht der vollen Sonne ausgesetzt sind, da Frettchen recht hitzeempfindlich sind und schnell einen Hitzschlag bekom-

Bei der Außenhaltung ist ein Dach als Schutz vor Sonne und Regen wichtig.

men, an dem sie sterben können. Die Tiere sollten immer die Möglichkeit haben, sich in den Schatten zurückziehen zu können.

!

Achtung, Hitzschlag!
Frettchen vertragen Temperaturen ab 30 °C nicht gut und können daher schnell einen Hitzschlag bekommen.

Vorbeugung

- Der Käfig darf keinesfalls in der prallen Sonne stehen. Die Frettchen müssen immer eine Rückzugsmöglichkeit haben, um sich in den Schatten zu legen.
- Ist es im Sommer zu heiß, sollte man große Fliesen im Käfig oder Gehege anbieten, auf welche sich die Frettchen legen und auf denen sie sich abkühlen können.
- Werden Frettchen im Auto transportiert, ist eine Klimaanlage ideal. Diese darf aber nicht auf „eiskalt" gestellt werden, sondern nur so, dass sich Mensch und Tier wohlfühlen. Am besten schalten Sie die Klimaanalage dann sogar wenige Minuten vor der Ankunft aus, damit sich die Frettchen wieder etwas an die Außentemperatur gewöhnen können und nicht beim Aussteigen einen Hitzeschock erleiden.
- In der Transportbox sollte ein feuchtes Handtuch liegen, auf dem sich die Frettchen hinlegen und abkühlen können.

Ist es doch einmal passiert

Die Symptome für einen Hitzschlag sind starkes, schweres Atmen, Lustlosigkeit, Schwächeanfälle, Schleim aus Mund und/oder Nase. Die Tiere sollten dann wie folgt behandelt werden:
Die Körpertemperatur des Frettchens muss langsam gesenkt werden, da eine zu schnelle Abkühlung tödlich enden kann. Hierfür bietet man dem Frettchen eine Schale mit Wasser oder besser sogar einem elektrolythaltigen Getränk an. Keinesfalls darf einem bewusstlosen Frettchen Wasser zwanghaft ins Mäulchen gegeben werden, da es sonst ersticken könnte. Bauch und Füße des Frettchens am besten mit lauwarmem Wasser betupfen. Danach geht es sofort zum Tierarzt, der das Frettchen weiter versorgt. In die Transportbox sollte man ein feuchtes Tuch legen, damit sich das Frettchen abkühlen kann.

Das Frettchenheim sollte so stehen, dass es trocken bleibt und auch im Winter nicht eingeschneit wird. Am wichtigsten ist natürlich, dass das Schlafhäuschen zu jeder Zeit sauber, trocken und warm (aber nicht zu heiß) ist.

Zur kalten Jahreszeit muss man ein isoliertes Schlafhäuschen zusätzlich zu den alltäglichen Schlafmöglichkeiten und Ruheplätzen anbieten.

Das komplette Gehege muss völlig aus- und einbruchssicher sein, sodass weder die Frettchen raus- noch Wildtiere hineinkommen können.

Die Teile des Geheges, die auf der Erde oder dem Gras stehen, müssen vollständig untergittert werden, da alle Frettchen liebend gern buddeln.

Generell brauchen Frettchen keine Einstreu im Käfig oder Gehege, keinesfalls darf aber Rindenmulch benutzt werden, da dieser schädliche, ja sogar tödliche Schimmelsporen enthalten kann.

Achtung!
Wenn man ein Schlafhäuschen beispielsweise mit Styroporplatten isoliert, muss man darauf achten, dass die Frettchen nicht ans Styropor kommen. Sie würden es sonst zerkratzen, in seine Einzelteile zerlegen und schlimmstenfalls verschlucken oder daran ersticken. Das Styropor muss also innen und außen komplett mit Holz umbaut sein.

Hat man nur noch ein einzelnes, älteres Frettchen, weil dessen Partner verstorben sind, oder sehr alte Tiere, sollte man diese spätestens zum Ende des Sommers in die Wohnung holen, sodass sie im Winter nicht frieren und unnötig viel Energie fürs Aufwärmen verbrauchen. Schließlich will man nicht die Gesundheit oder sogar das Leben seiner Lieblinge riskieren.

Denn um im kalten Winter draußen die Körpertemperatur aufrechterhalten zu können, sollten immer mehrere Frettchen mit einer guten Konstitution zusammenleben. So können sie sich zum Schlafen aneinander kuscheln und haben es warm.

Das Außengehege für Frettchen muss aus- und einbruchsicher sein.

Wenn Frettchen einziehen

Bevor die neuen Hausgenossen bei Ihnen einziehen, sollte natürlich alles gut vorbereitet sein. Dies ist besonders bei sehr jungen oder schüchternen Frettchen enorm wichtig. Schließlich sollte man gerade junge Frettchen nicht überfordern.

Eine Wassertränke gehört zur Grundausstattung für ein Frettchenheim.

Nachdem man sich nun beim Züchter (oder wo auch immer) seine Welpen, seine Jungfrettchen oder seine erwachsenen Frettchen ausgesucht hat, sie in eine fremde Transportbox gepackt hat und (vor allem die Kleinen ohne Mama) in einem fremden Auto fahren mussten, möchten sie nicht noch stundenlang in einem Zoofachhandel herumgeschleppt werden, nur weil die neuen Besitzer noch einen passenden Käfig, Zubehör und Futter kaufen müssen.

Also ist es klar: Alles muss im Vorfeld fix und fertig sein!

Die notwendige Ausstattung

Frettchen benötigen im Käfig oder im Frettchenzimmer folgendes Zubehör:

- Futternapf, gefüllt mit dem Trockenfutter, das sie gewohnt sind
- Wassernapf, am besten mit einem Spritzschutz, damit das Wasser nicht rausgeplantscht werden kann
- Wassertränke
- Toilette mit geeigneter Einstreu (Katzenstreu)
- Hängematten
- Schlafhöhlen
- Kuschelkissen
- Kuscheldecken
- Spielzeug
- Röhren
- Kratzbaum

Die Näpfe sollten von den Frettchen nicht allzu weit verschoben werden können. Keinesfalls dürfen die Näpfe von einer Etage auf die nächsttiefere fallen, damit dadurch andere Frettchen nicht verletzt werden können. Wird ihr neues Zuhause also ein Käfig mit mehreren Etagen sein, müssen solche Gegenstände auf der untersten Etage ihren Platz finden.

Da die meisten Frettchen gern plantschen, macht es Sinn, zusätzlich zum Wassernapf auch noch eine Tränke anzubringen. Denn sonst kann es vorkommen, dass die Frettchen ihren Napf leer geplanscht haben, eventuell ein Kuscheltuch daraufschieben und dann kein Wasser mehr zur Verfügung steht.

Tipp
Nimmt man die gleiche Art von Einstreu für die Toilette, welche die Tiere vom vorherigen Besitzer oder vom Züchter her kennen, gehen sie meistens direkt wieder auf die Toilette – vorausgesetzt natürlich, sie nutzten sie schon vorher treffsicher.

Die Toilette wird auf jeden Fall in eine Ecke gestellt. Sollten die Frettchen einen anderen Platz aussuchen, um ihr Geschäft zu verrichten, macht es nicht viel Sinn, auf der vom Menschen „gewählten" Ecke zu beharren. Man sollte nachgeben und dem Frettchen die Toilette in seine Lieblingsecke stellen. Das wird unsere Nerven schonen und Zeit sparen, da man nicht ständig Häufchen wegputzen muss.

Machen die Frettchen trotzdem ständig woanders hin oder direkt vor die Toilette, sollte man diese Stellen mit Kuschelsachen und Decken auslegen. Die meisten Frettchen wollen nicht auch ihren „Schlafplatz" beschmutzen und werden sich daher bemühen, die Toilette zu benutzen.

Für die Frettchen sollten mindestens zwei Hängematten angebracht werden, in denen sie faulenzen und schlafen oder spielen können. Wenn man mehrere Frettchen zusammen hält, sollten natürlich entsprechend mehr oder größere Hängematten installiert werden.

Hängematten werden zum Spielen und Schlafen benutzt und sind bei Frettchen äußerst beliebt.

Schlaf- und Kuschelhöhlen müssen auch genügend vorhanden sein, da sich Frettchen immer wieder mal einen neuen Platz zum Kuscheln aussuchen. Hierfür werden im Fachhandel eine Reihe von verschiedenen Modellen angeboten (siehe www.Fellnasen-Frettchen.de/Shop). Im Folgenden einige Beispiele:

- Thermokissen, die aus einem Stück bestehen. Der Vorteil ist hier, dass die Frettchen keine Teile (wie zum Beispiel ein eingelegtes Kissen) herauswerfen können. Gleichzeitig isolieren sie gut durch ihre Styroporfüllung und halten im Winter warm und im Sommer kühl. Die Frettchen können sich wunderbar in die weiche Füllung kuscheln.
- Hängematten in verschiedenen Stoffen und Größen, welche in den Käfig gehängt werden können. Sie werden von Frettchen sehr gern zum Schlafen, Entspannen oder als Aussichtsturm genutzt.
- Schlafsäcke, welche in den Käfig gehängt werden können. Die Frettchen können sich hineinkuschlen und liegen nicht „offen“ wie auf der Hängematte.

Junge Frettchen können Höhen noch nicht richtig abschätzen und laufen daher Gefahr abzustürzen.

In einem Käfig kann man nur einen kleinen Kratzbaum aufstellen, im Frettchenzimmer oder in der Wohnung dann natürlich auch einen entsprechend größeren. Bei Welpen sollte man aber noch keinen Kratzbaum aufstellen, der höher als 60 cm ist, da sie sich oft überschätzen und von zu weit oben abspringen oder auch herunterpurzeln. Meistens verletzen sich die Frettchen zwar dadurch nicht, da sie sehr robust sind. Damit nicht aber doch einmal etwas passiert, sollte man Stürze vermeiden. Welpen können weder Höhen noch Weiten einschätzen. Wenn die Tiere dann älter und vorsichtiger werden, kann der Kratzbaum nach und nach weiter erhöht werden.

Spielzeug sollte natürlich für jedes Frettchen vorhanden sein. Spielzeuge, bei denen Gummi- oder Plastikteile abgebissen und verschluckt werden können, sollten nur unter Beaufsichtigung zum Spielen bereitstehen. Viele Frettchen lieben zum Beispiel diese für Hunde angebotenen Quietschetierchen aus Vinyl, welche in Windeseile zerbissen und in Einzelteilen dann verschluckt werden.

Da Frettchen alle Arten von Röhren lieben, darf darauf natürlich auch im Frettchenzimmer nicht verzichtet werden. Hierfür kann man Drainageröhren aus dem Baumarkt verwenden oder spezielle Frettchenröhren, welche sogar teilweise durchsichtig sind. So kann man seine Frettchen beobachten und auch ihnen macht das Spielen mehr Spaß, wenn sie ihren Verfolger sehen können. Sie flitzen durch, rennen hintereinander her, gucken frech raus oder schlafen nach dem Spielen in der Röhre zufrieden ein. Die Röhren sollten mindestens einen Durchmesser von 10 cm haben.

Abholung und Transport ins neue Zuhause

Bei der Abholung der Frettchen gibt es ein paar wichtige Dinge zu beachten. Wenn Sie die Frettchen im Vorfeld besuchen möchten, ist es ideal, wenn Sie ein ausgedientes getragenes T-Shirt oder ähnliches Kleidungsstück (nicht vorher waschen!) mitnehmen, das Sie dem Züchter oder Vorbesitzer überlassen können. Dieses Kleidungsstück kann er dann einen oder zwei Tage vor der Abholung mit in die Schlafhöhle seiner Frettchen legen, sodass sie sich darin einkuscheln können. So können sich die Frettchen schon mal an den Geruch ihres neuen Besitzers gewöhnen. Ein weiter Vorteil ist, dass man das T-Shirt während der Fahrt in die Transportbox und auch im neuen Zuhause in die Höhle legen kann. Die Tiere haben dann einen gewohnten Geruch in ihrer neuen Schlafhöhle und fühlen sich so gleich etwas wohler und sicherer, wodurch sie sich mit der neuen Umgebung schneller anfreunden.

Die Abholung erfolgt am besten in einer Transportbox, wenn die Fahrt nicht zu lange dauert.

Ist die Fahrt nach Hause nicht allzu lang, reicht eine normale Transportbox aus. Müssen die Frettchen aber länger transportiert werden, halte ich es für sinnvoll, einen Transportkäfig (etwa mit den Maßen 120 x 50 x 50 cm) aufzubauen. Hierfür eignen sich Meerschweinchenkäfige oder – für eine schmalere Verdrahtung – Ratten- oder Chinchillakäfige. Wenn man im Auto genügend Platz hat, solch einen Käfig aufzubauen, ist das die beste Transportmöglichkeit.

> **!**
> **Einrichtungsvorschlag für den Transportkäfig**
> In eine Ecke des Käfigs kann man eine kleine Katzentoilette stellen. Der restliche Käfig bietet dann auch noch genügend Platz für einen Wassernapf oder eine Wassertränke und ein bis zwei Futternäpfe sowie eine Schlafhöhle. Als Krönung kann man in die Gitterstäbe im oberen Teil des Käfigs noch eine Hängematte hineinhängen. Somit ist gewährleistet, dass die Frettchen auch für einen längeren Transport bestens versorgt sind.

Zu Hause angekommen sollten die Frettchen einfach nur noch in ihr neues Reich, so ausgestattet, wie es schon zuvor beschrieben wurde, umziehen – sei es ein großzügiger Käfig, eine Voliere oder ein Zimmer.

Auch wenn die Frettchen später irgendwann in der ganzen Wohnung oder im Haus frei herumlaufen dürfen, rate ich – wie bereits oben erwähnt – trotzdem davon ab, ihnen diese Möglichkeit schon von Anfang an zu bieten.

Besser ist es, wenn die Frettchen ganz allmählich über mehrere Wochen hinweg immer größere Kreise ziehen dürfen. So werden sie nicht überrumpelt und überfordert, sondern können nach der Eingewöhnungszeit immer wieder neue Ecken erforschen.

Die Neuankömmlinge werden erst einmal alles beschnüffeln und inspizieren. Manche Frettchen gehen gleich zielstrebig auf die Toilette, andere werden sich eventuell erst einmal auf das vorbereitete Nassfutter stürzen. Nach der Erstinspektion schlafen die Frettchen ein, um dann mit neu getankter Kraft loslegen zu können.

Wenn man sehr junge Frettchenwelpen bekommt, sollte man seine neuen Lieblingen zu Anfang keinesfalls zu lange oder zu intensiv bespaßen. Ich empfehle es, die Kleinen zu sich aufs Sofa zu holen oder sich zu ihnen ins Frettchenzimmer zu setzen. Länger als eine Viertelstunde sollten sie jedoch nicht gefordert werden. Besser ist es, sich dafür mehrmals am Tag mit den Kleinen zu beschäftigen.

Solange die Babys noch so viel Schlaf brauchen, würde ich sie zum Spielen nicht extra wecken. Man sollte sich beherrschen und zwingen, die kleinen, süßen Racker auch mal in Frieden zu lassen. Dies fordert gerade die ersten Tage sehr viel Geduld. Die Frettchen werden einem die behutsame Eingewöhnung aber auf jeden Fall danken, indem sie sich schneller eingewöhnen und nicht schreckhaft oder ängstlich werden. Tag für Tag darf man dann die Spielzeit etwas verlängern und die Spielzone allmählich vergrößern.

Frettchen vergesellschaften

Hat man schon bereits Frettchen, ist es sicherlich am schönsten, wenn sie alle zusammen in demselben Gehege oder in derselben Unterkunft leben.

Je nachdem, in welchem Alter die Frettchen aneinander gewöhnt werden müssen, sollte man auf unterschiedliche Dinge achten.

Welpe und Welpe

Nur sehr selten gibt es Probleme bei der Zusammenführung von Welpen, und zwar wenn man vielleicht zwei Welpen von verschiedenen Züchtern geholt hat.

Am besten holt man beide Tiere innerhalb kurzer Zeit ab, also bestenfalls am gleichen Tag, oder den zweiten Welpen einen Tag später. Holt man beide Frettchen am selben Tag ab, sollte man natürlich den zuerst Abgeholten nicht im Auto mit um die halbe Welt kutschieren, um das zweite Tier abzuholen. Setzen Sie dann lieber den ersten Welpen zu Hause ab und bringen ihn schon mal in seinem Käfig unter, um sich dann auf den Weg zum zweiten Welpen zu machen. Die kleinen Fellknäule freuen sich über jeden Spielpartner und haben noch keine Revieransprüche oder Interesse an der Rangordnung.

Jungtier und Welpe oder Jungtier

Junge Frettchen bis zu einem Alter von etwa einem Jahr bereiten auch selten Probleme, wenn sie zusammengeführt werden. Je besser das ältere Frettchen sozialisiert ist, desto einfacher wird es. Haben die Jungtiere bis zum Zeitpunkt des Kontakts mit dem neuen Welpen oder Jungtier schon andere Frettchen kennenlernen dürfen, akzeptieren sie den Neuen meistens sehr schnell und wollen am liebsten sofort mit ihm spielen.

Wenn sich Frettchen von klein auf kennen, verstehen sie sich auch später sehr gut.

Erwachsenes Frettchen und Welpe oder Jungtier

Auch hier gilt wieder: Je öfter die Frettchen Kontakt mit anderen Frettchen hatten oder sogar bereits wissen, dass immer wieder neue Frettchen mit in die Gruppe aufgenommen werden, desto leichter hat man es.

Hat man dagegen aber zwei Frettchen, die zum Beispiel inzwischen vier Jahre alt sind und bisher immer zu zweit „allein“ waren, wissen sie anfangs oft nichts mit einem neuen Artgenossen anzufangen. Sie sind verunsichert, wundern sich oder reagieren aggressiv gegenüber dem Eindringling.

Sind die Frettchen, die man schon länger hat, wach und aktiv, kann man sie gern aus ihrem Gehege nehmen und in der gewohnten Umgebung herumflitzen lassen. So hat der Neuankömmling erst einmal Zeit, sich den Käfig oder das Zimmer in Ruhe anzuschauen und alles zu erkunden, ohne dass auch noch andere Frettchen etwas von ihm wollen.

Oft ist es hilfreich, den Neuankömmling auf den Arm zu nehmen und das ältere Tier freiwillig dazukommen zu lassen. Man kann auch beiden gleichzeitig die begehrte und leckere Vitaminpaste geben. So merken sie, dass von dem fremden Frettchen keine Gefahr ausgeht.

Da Fähen im Regelfall zickiger sind als Rüden, einen höheren territorialen Anspruch haben und in der Rangordnung weiter oben stehen, machen sie bei Vergesellschaftungen öfter Probleme als Rüden.

Erwachsenes Frettchen und erwachsenes Frettchen

Am schwierigsten ist es, ältere Frettchen (ab einem Alter von einem Jahr) miteinander zu vergesellschaften. Die Tiere haben dann schon eine ausgeprägte Persönlichkeit entwickelt, stehen mit allen vier Füßen mitten im Leben und wissen, was sie wollen.

Man liest oft, man solle die Käfige der fremden Frettchen nebeneinander stellen, sodass sich die Frettchen so stressfrei kennenlernen und beschnüffeln könnten. Man solle auch noch die Kuscheldecken und Ähnliches täglich gegeneinander austauschen, damit sie sich an die Gerüche gewöhnen könnten. Sie würden dann beim ersten Aufeinandertreffen kein so starkes Interesse am Gegenüber zeigen oder ihn auch bedingungslos als neuen Partner akzeptieren.

Dies kann ich so nicht bestätigen. Wir konnten vielfach beobachten, wie sich nach dieser Methode über Tage oder sogar Wochen völlig harmlose und geduldige Frettchen zu hektischen Monsterfrettchen entwickelten, die an den Gitterstäben bissen und rüttelten und Aggressionen aufbauten. Hat man die Tiere dann nach längerer Zeit dieses falschen „Trainings“ aufeinander losgelassen, sind sie meist sehr zielstrebig auf den anderen zugerannt und haben sich wild ineinander verbissen sowie laut geschrien und gekreischt.

Wir lassen die Frettchen daher von Anfang an auf möglichst neutralem Gebiet direkt miteinander laufen. Sehr oft beschnüffeln sie sich, tun

Dieses Frettchen hat im Moment eine „Flaschenbürste": Die Haare an der Rute stehen ab, weil es sehr aufgeregt ist.

zwischendurch so, als würden sie sich nicht für den anderen interessieren, und gehen ihre Wege, um sich dann immer wieder zu treffen und miteinander zu kommunizieren. Dies ist oft verbunden mit einem Muckern und dem Aufstellen der Rutenhaare, was dann aussieht wie eine Flaschenbürste.

Wenn sie sich beim ersten Kontakt interessiert und freundlich zeigen, läuft es meist (aber nicht immer) auch danach friedlich ab. Bevor sie aber nicht gemeinschaftlich in der Hängematte oder woanders kuscheln, sollte man sich nicht täuschen lassen. Schließlich muss auch hier noch geklärt werden, wer denn nun der Chef ist.

Wird erst nach wenigen Minuten festgestellt, dass der Neue attackiert wird, regelt sich das meistens auch von selbst.

Gehen beide Frettchen direkt aufeinander los und verknäulen sich mit lautem Geschrei, sollte man trotz allem nicht direkt eingreifen, sondern erst einmal genau beobachten, was passiert:

- Manchmal ist nach dem ersten Geschrei gleich wieder Ruhe.
- Gehen die beiden absolut nicht auseinander oder einer rennt immer dem anderen hinterher und greift ihn an, sollte man den Frettchen eine Pause gönnen und sie trennen.
- Sollte ein Frettchen panisch in der Ecke sitzen und immer nur kreischen und fauchen, braucht es auch eine Pause und man sollte die Tiere trennen.

Übrigens!
Wenn Frettchen miteinander streiten oder sich anzicken, hört es sich für uns Menschen meist schlimmer an, als es ist.

Sollte es tatsächlich so weit kommen, dass ein oder sogar mehrere Frettchen Wunden haben oder bluten (was ich noch nie erlebt habe), müssen sie definitiv sofort getrennt und versorgt werden!

Bei Frettchen, die so bösartig aufeinander losgehen, würde ich persönlich keinen zweiten Versuch starten, sie zusammenzubekommen.

Über die Jahre habe ich aber persönlich festgestellt, dass man jedes Frettchen mit Artgenossen vergesellschaften kann. Manchmal geht es eben schneller und manchmal braucht es etwas länger.

Die längste Vergesellschaftung bei mir dauerte knapp vier Monate. Hier war das Problem eine sozial gestörte zweijährige Fähe, die damals vom Züchter schon im Alter von sechs Wochen von Mutter und Geschwistern getrennt wurde. Dieses Frettchen sollte zu keinem Artgenossen Kontakt haben. Sie griff damals sogar Welpen an, die ja absolut brav und vorsichtig sind und weder Dominanz noch Interesse an der Rangordnung zeigen. Sie rannte immer direkt auf jedes Frettchen zu, packte es und schüttelte es wie wild.

Wir beschlossen, sie mit einem sehr lieben, acht Wochen alten Rüden zu „verkuppeln". Die Fähe war davon allerdings nicht sonderlich begeistert und war bei jeder Begegnung so böse zu dem Kleinen, dass wir ihn wieder vor ihr retten mussten. Er hatte panische Angst vor ihr und schrie, fauchte und versteckte sich, sobald er sie sah. Oft machte er sogar vor Angst in seine imaginäre Hose. Es war jedes Mal dasselbe Spiel. Also ließen wir sie wieder getrennt und warteten, bis er etwas gewachsen war.

Nach ein paar Monaten war er deutlich größer als sie und nicht mehr ganz so unschuldig und hilflos. Also setzten wir wieder beide in ihr „Verkuppelungs-Gehege". Direkt griff sie ihn wieder an. Er war völlig unbeeindruckt und zeigte ihr, dass sie mal nicht so einen Wind machen sollte. Er packte sie im Genick, zog sie in die Toilette, lies sie los, ging zum Futternapf und mampfte genüsslich sein Eintagsküken. Man konnte regelrecht sehen, wie verblüfft sie war. Sie konnte die Welt nicht mehr verstehen und stand wie versteinert in der Toilette. Vorsichtig lief sie zu ihm und schnüffelte an ihm. Danach ging sie in die Hängematte und glotze verdattert daraus hervor. Kurze Zeit später zog er sich ebenfalls zurück in diese Hängematte, legte sich auf die Fähe und schlief ein. Das fand die Fähe zwar nicht besonders toll, da sie ja weder ein Frettchen noch den direkten Körperkontakt zu einem kannte oder wollte, aber sie wurde nicht gleich wieder zu einer Furie.

Nach wenigen Sekunden kroch sie aus der Hängematte und lief durch das Gehege. Sie wusste einfach nicht, was sie tun sollte oder wohin mit sich. Sie tigerte bestimmt 45 Minuten durch das Gehege, bis sie sich entschied, wieder in die tolle, bequeme, flauschige Hängematte zu kriechen. Da dort noch immer der Rüde lag, blieb ihr nichts anderes übrig, als sich neben ihn zu legen.

Von da an hat sie nur noch sehr kurze und vorsichtige Versuche gestartet, ihn zu „quälen", was er immer sofort unterbunden hat. Seitdem lebten sie friedlich miteinander.

> **!**
> **Rangordnung**
> Bei meiner großen, sehr gut sozialisierten Gruppe kann ich problemlos jedes neue Frettchen einfach dazu setzen. Es wird dann von allen Seiten wild beschnüffelt und danach zum Spielen aufgefordert. Es sind absolut keine Aggressionen zu erkennen. Da es aber eine bestehende Rangordnung gibt, muss der Neuling in den ersten Tagen oder Wochen seinen Platz in dieser Ordnung herausfinden. Hier gibt es dann manchmal Machtkämpfchen oder Zickereien, was aber immer sehr schnell geklärt ist und absolut harmlos verläuft.

Gewöhnung an den Menschen

Wenn ein neues Frettchen eingezogen ist, sollte man ihm immer eine gewisse Zeit für die Eingewöhnung gönnen. Generell würde ich kein Tier stören, wenn es gerade schläft. Da sich Frettchen nach sehr kurzer Zeit gut an den Tagesablauf des Menschen gewöhnen und sich an ihrem Menschen orientieren, hat man dann immer noch genug Zeit und Möglichkeiten, sich mit den Frettchen zu beschäftigen. Frettchen sind nämlich immer genau dann wach, wenn ihre Menschen aktiv sind und Zeit für sie haben.

Frettchen passen sich dem Tagesablauf und Rhythmus ihres Menschen an.

Die Eingewöhnungszeit dauert bei Welpen natürlich länger als bei älteren, selbstbewussten Frettchen. Welpen mit wenigen Wochen brauchen noch viel Schlaf, lernen ständig Neues und müssen sehr viel verarbeiten. Anfangs sollten die Kleinen lieber kürzer und dafür öfter herausgenommen werden, sodass man sie nicht überfordert.

Vor dem Herausnehmen ist es ratsam, den Welpen auf die Frettchentoilette zu setzen, damit er sein Geschäft verrichtet. Befolgt man dies nicht, wird sich der Welpe sicherlich nach sehr kurzer Zeit irgendwo anders lösen.

Welpen müssen immer auf die Toilette

- nach dem Schlafen,
- nach dem Essen,
- während des Spiels,
- und zwischendurch.

Die ersten Tage würde ich Welpen nie länger als 15 bis 20 Minuten am Stück herausnehmen, um mit ihnen zu spielen oder sie laufen zu lassen. Sie sollen sich langsam, Schritt für Schritt, an alles gewöhnen. Wenn die Welpen im neuen Gehege, Käfig oder Zimmer tollen, ist das natürlich gar kein Problem. Im Zimmer oder Gehege kann man sich zu ihnen setzen und wenn sie mit einem spielen oder auf jemandem herumturnen möchten, können sie dies tun. Möchten sie aber lieber mit ihrem Geschwisterchen spielen oder schlafen, können sie frei wählen.

Sollen die Frettchenwelpen in einem Käfig leben, würde ich sie anfangs immer nur auf den Arm oder mit auf den Boden nehmen. Mitten in den Raum sollten die Kleinen nicht gesetzt werden. Diesen Freiraum können sie noch nicht richtig einschätzen und sie würden sich unsicher fühlen. Also lieber auf den Schoß setzen und wenn das Frettchen hinunterkrabbeln möchte, dies auch zulassen.

In unmittelbarer Nähe sollte eine Toilette stehen, da Welpen eben nun mal sehr oft Häufchen machen müssen. Dann kann man schnell reagieren oder das Frettchen auch zwischen dem Spielen immer wieder auf die Toilette setzen. So lernt der Welpe gleich, dass das der Ort ist, um Geschäfte zu verrichten.

Anti-Beiß-Training

Viele Frettchenneulinge und Frettchenbesitzer haben Probleme, da ihre Frettchen beißen, sei es aus Angst und Stress, aus Gewohnheit oder weil sie nie gelernt haben, dass sie es nicht dürfen. Viele Frettchenbesitzer sind

 Ein ruhiger Umgang mit dem Frettchen ist wichtig für das Anti-Beiß-Training.

auch selbst zu unsicher, was den Frettchen das freche Verhalten um einiges erleichtert.

Nur sehr selten sind Frettchen psychisch so verstört, dass man es gar nicht mehr wegtrainiert bekommt. Mal dauert es länger und ist schmerzhafter und mal geht es schneller und die Frettchen sind keine allzu schlimmen Beißer.

Oft reicht bei Welpen schon der Stress des Umzugs ins neue Zuhause oder die Pubertät der Halbstarken aus, dass sie wieder mehr zum Beißen neigen. Dann sollte man auf alle Fälle erneut mit einem Anti-Beiß-Training beginnen.

Vor dem Herausnehmen sollte man sichergehen, dass Frettchenwelpen auch satt sind. Das heißt also, am besten füttert man sie morgens und abends vor dem Herausnehmen. Wenn die Kleinen vom Züchter Frischfleisch, Eintagsküken oder Dosenfleisch kennen, würde ich sie hiermit füttern, damit sie sich richtig satt futtern. So ist schon mal sichergestellt, dass sie nicht vor Heißhunger in die Finger beißen, sondern aus einem anderen Grund. Ein Frettchen mit vollem Bauch sollte dann natürlich nicht wie wild toben oder vom Menschen hin und her gekugelt werden. Es bestünde sonst die Gefahr, dass es eine Magendrehung bekommt.

Nach dem Füttern (oder einfach generell vor dem Herausnehmen), sollte man sich angewöhnen, die Hände zu waschen. So kann man vermeiden, dass der Welpe vor Gier in die Finger beißt, sollten sie noch nach Essen riechen. Es muss nicht einmal nach Fleisch duften, bei Hunger reicht einem Welpen schon der Geruch nach „Nicht-Frettchen", welcher ihn eventuell dazu animiert, den Menschen in den Finger zu beißen.

Wenn Sie den Welpen dann herausnehmen, müssen Sie noch sehr vorsichtig mit ihm umgehen. Alle Bewegungen sollten nur langsam erfolgen, um ihn nicht zu erschrecken oder zu verunsichern. Ist ein Welpe sehr schüchtern, können Sie ihm zur Unterstützung auch den zweiten Welpen mit dazusetzen. Sind die Welpen den Kontakt mit dem Menschen gewöhnt, gibt es ihnen auch Sicherheit, wenn man sie anfangs in der Hand hält oder auf den Schoß setzt. Da Welpen Höhen oder Weiten noch nicht richtig einschätzen können, ist es ratsam, sich mit dem Welpen am Boden zu beschäftigen. Wenn er so einmal vor lauter Übermut aus der Hand hopst, geht es nicht gleich allzu tief nach unten und er kann sich nicht verletzen.

Wenn der Welpe beißt oder zwickt, ist es immens wichtig, die Hand oder den Fuß nicht vor Schreck oder sogar Schmerz einfach wegzuziehen. Ängstliche Welpen würde diese plötzliche Bewegung erschrecken und freche Frettchen empfänden es als Spielaufforderung oder Sieg, besonders dann, wenn man die Hand nicht nur wegzieht, sondern auch noch dabei quiekt oder aufschreit. Ein einfacher Vergleich ist das Vinyl-Quietschetier, das Frettchen zu gern beißen und beuteln, damit es quietscht. Sehr oft schnappen die Frettchen gerade dann nochmal hinterher oder finden es sogar lustig.

Viel besser ist es, die Hand, in die gebissen wird, ganz ruhig liegen zu lassen und den Welpen mit der anderen Hand wegzunehmen. Hierbei muss man auch sehr ruhig agieren, um die Situation zu entspannen.

> **!**
> **Es bringt nichts,**
> - das Frettchen zu schütteln.
> - das Frettchen anzuschreien.
> - das Frettchen gegen die Nase zu schnipsen.
> - das Frettchen zu schlagen.
>
> All dies sollte man niemals tun!

Auch wenn ein Frettchen zwicken sollte, darf man den Fuß nicht plötzlich wegziehen.

Wer es nicht schafft, den Reflex, mit den Händen zu zucken oder sie wegzuziehen, zu unterdrücken, sollte sich während des Frettchenkontakts erst mal hauptsächlich hierauf konzentrieren. Eine andere Möglichkeit ist es, sich selbst auszutricksen. Hierzu kann man sich, da man ja sowieso am Boden spielt, auf seine Hände stützen. Tut man dies gemütlich mit seinem eigenen Körpergewicht, müsste man erst das Gewicht von den Händen wegverlagern, um sie wegziehen zu können. Diese zehntel Sekunde reicht manchmal schon aus, daran zu denken, dass man sie nicht wegziehen darf.

Da Frettchen untereinander mit ihrem Mäulchen spielen, ist dies auch in der Interaktion mit dem Menschen erlaubt. Wichtig ist aber, dass die Frettchen vorsichtig sind. Es darf nie so fest sein, dass es gerade noch nicht weh tut. Es sollte mehr ein Berühren oder maximal Halten sein. Die Welpen dürfen sich nicht während des Spiels hineinsteigern und doch fester beißen. Werden sie zu wild und passen nicht mehr richtig auf, kann man als Ablenkung auch ein Spielzeug nehmen und so mit dem Frettchen spielen. Viele verbeißen sich dann richtig in das Spielzeug und freuen sich über die Abwechslung. Sollten die Frettchen trotz alledem zu wild spielen und in die Hände zwicken, wird das Spiel vom Menschen unterbrochen oder sogar beendet.

Sind Fähen aggressiver als Rüden?

Oft heißt es, Fähen seien aggressiver und bissiger als Rüden. Das kann ich so nicht bestätigen, da alle meine Frettchen mit acht Wochen handzahm sind, obwohl ich für die Fähen nicht mehr Zeit investiere als für die Rüden. Ich beschäftige mich auch nicht auf andere Art und Weise mit ihnen, sondern behandle alle meine Frettchenwelpen gleich.

Meistens ist es so, dass Fähen aktiver, hektischer und quirliger sind, auch schon im Welpenalter. Rüden dagegen sitzen manchmal einfach gern auf dem Arm, machen es sich bequem und schauen sich alles gemütlich an.

Nur weil die Fähen beispielsweise beim Spielen umherspringen und mit dem Kopf in unsere Richtung zucken, wenn wir nach ihnen greifen, heißt das noch lange nicht, dass sie beißen. Nimmt man sie dann einfach hoch, passiert nämlich genauso wenig, als wenn man Rüden hochnimmt.

Ich denke, es ist oft die (unbewusste) Angst oder Vorsicht neuer Frettchenbesitzer, mit der sie an die Fähen herangehen. Ist der Mensch zögerlich, werden auch die kleinen Frettchen verunsichert. Wenn man dann noch die Hand lieber wieder wegnimmt, wird oft hinterhergeschnappt. Macht man das mehrmals mit seinem Frettchen, beißt es auch bald hinein.

Sie sollten Ihre Frettchen immer nur so festhalten, dass sie nicht herunterfallen oder wegflitzen können. Man darf sie aber nicht zu fest halten.

Oft beobachte ich, wie Besitzer, die Angst oder Respekt vor ihren Frettchen haben, die Tiere zu fest halten mit der Begründung, es könne so nicht beißen. Das ist natürlich Quatsch.

Denn erstens wird das kleine Frettchen durch zu festes Halten erst recht Panik bekommen und zweitens kann es mit der aufgestauten Angst dann beißen, wenn man den Griff lockert.

Frettchen müssen sich jederzeit sicher und wohlfühlen. Dazu gehört eben auch, dass man sie nicht zu fest hält.

„Monsterfrettchen"

Hat man ein richtiges „Monster", das, aus welchem Grund auch immer, ständig beißt, muss man sich häufig erst dazu überwinden, um mit dem Frettchen zu arbeiten.

Auch hier gilt: Lieber kürzere Trainingseinheiten, dafür öfter üben! Wichtig sind wieder langsame und ruhige Bewegungen.

Manchmal gibt es Frettchen, die zum Beispiel in der Pubertät sind und die Grenzen ihres Besitzers austesten wollen, indem sie mitten im Spielen immer wieder angerannt kommen und in die Hände oder Füße beißen. Sinnvoll ist es dann, das Frettchen mit der Hand zu nehmen und wegzusetzen.

Bei Frettchen ist es ganz wichtig, nicht in Stunden- oder Minutensequenzen zu denken, sondern lieber im Sekundentakt. Kommt das Frettchen also wieder angerannt, wird es von mir sofort freundlich begrüßt.

Ist es dann brav, kann man mit ihm spielen oder zur Belohnung Vitaminpaste geben. Kommt es allerdings wieder und greift sofort an, setzt man es direkt ein Stückchen entfernt von sich auf den Boden. Rennt es nach jedem „Wegsetzen" wieder her und greift direkt an, kann man ein solches Frettchen auch zeitweilig (einfach nur so lange, bis es sich mit irgendetwas anderem selbst beschäftigt und sich nicht mehr für seinen Menschen interessiert) in sein Reich sperren. Das soll aber nicht heißen, dass ich jedes Frettchen, das mich beißt, in den Käfig oder sein Zimmer setze. Viel zu schnell würde es lernen, dass es in Ruhe gelassen wird, wenn es beißt. Man muss also speziell für jedes Frettchen die richtige Mischung dafür finden, wann es Sinn macht, sein Frettchen „wegzusperren" oder nicht.

Bei sehr bissigen Frettchen ist es ratsam, auf glatten Flächen zu üben, wie zum Beispiel auf einem Tisch. Falls das Frettchen einen also beißt, kann es sich wenigstens nicht mit den Füßen auf den Boden stemmen und in die gegengesetzte Richtung ziehen. Das tut nämlich besonders weh. Man kann dann auf dem Tisch die Hände liegen lassen oder mit einem Spielzeug das Frettchen ablenken.

Zur Belohnung sollte ein Leckerli, zum Beispiel die heiß begehrte Vitaminpaste, bereitgelegt werden. Erkundet es den unbekannten Tisch und läuft unbeeindruckt über die Hände, bekommt es etwas Vitaminpaste als Belohnung. So lernt es gleich, dass es sich viel mehr lohnt, nicht in die Hände zu beißen. Sollte es an den Fingern schnüffeln und man bekommt Angst, es könnte gleich hineinbeißen, sollten man es etwas ablenken oder ihm sogar ein wenig Vitaminpaste geben. Es sollten nämlich weder beim Menschen noch beim Frettchen zu große Spannungen aufgebaut werden.

Das Frettchen darf sich frei auf dem Tisch bewegen oder spielen. Wenn man nach seinem Frettchen greift, darf es auf keinen Fall eine Unsicherheit des Menschen spüren. Man sollte also nicht zögerlich ans Frettchen herangehen, sondern immer sehr bestimmt und zielsicher nach ihm greifen. Sollte man zurückzucken oder in der Bewegung stocken, wenn sich das Frettchen nach der Hand umdreht, so wird es mit ziemlicher Sicherheit hineinbeißen.

Hat man das Frettchen nun auf dem Arm, muss man es genau beobachten. Ist es hektisch, ängstlich oder nervös, kann man ihm etwas Paste anbieten, um es zu beruhigen. So lernt es gleich, dass es beim Menschen tolle Sachen gibt und der Kontakt sich lohnt.

Am Anfang sollte es schon nach wenigen Sekunden wieder abgesetzt werden, sodass es sich bewegen und Stress abbauen kann. Kommt es zurück und läuft über die Hand oder schnuppert an ihr, darf es sofort wieder mit dem Leckerli belohnt werden.

Hat man es auf dem Arm ohne bereitgelegte Paste, sollte man es absetzen, wenn man merkt, dass es nervös wird, sodass es gar nicht erst zum Beißen kommt.

Wenn dieses Training für ein Frettchen völlig neu ist, wird zunächst nur für wenige Minuten am Stück geübt. Von Mal zu Mal kann man die Trainingseinheiten dann verlängern.

Bevor dieses Training auch für den Menschen in zu viel Stress ausartet, darf auch pausiert oder unterbrochen werden, aber niemals dann, wenn einen das Frettchen gerade gebissen hat, sondern es sollte immer mit einem positiven Abschluss für Mensch und Tier enden.

Frettchen mit Revieransprüchen

Hat einen das Frettchen gebissen und hängt am Finger, gilt es wieder, die Hand unter keinen Umständen wegzuziehen, sondern das Frettchen mit der freien Hand zu entfernen.

Manchmal gibt es beispielsweise Frettchen, die in ihrem Käfig oder Gehege territorial reagieren und den Menschen beißen, wenn er hineinfasst, um zum Beispiel den Futternapf aufzufüllen.

In solch einem Fall sollte das Frettchen gar keine Möglichkeit haben, in diese Situation zu geraten. Man sollte das Frettchen nicht unnötig provozieren. Also macht es Sinn, das Frettchen aus seinem Revier zu nehmen, bevor man darin hantiert. Tiere, die dann auch in der Hand aggressiv reagieren, müssen während der Zeit, in der man am Käfig hantiert, „weggesperrt" werden, entweder in ein anderes Zimmer, einen Zweitkäfig oder in eine Transportbox. Ist das Frettchen hingegen in der Hand ruhig, lieb und gelassen, kann man es während kurzer „Käfig-Reinigungen" oder Sonstigem auf dem Arm halten.

Frettchenspielzeug

Gegenstände, in die man hineinkriechen kann, sind ein sehr beliebtes Spielzeug.

Eigentlich spielen Frettchen mit so ziemlich allem – ob Katzenspielzeug, Hundespielzeug oder Kleintierspielzeug. Am beliebtesten sind aber Gegenstände, die Geräusche machen, zum Beispiel knistern, rascheln, klingeln, quieken, grunzen, oder die sich bewegen. Bei allen Spielzeugen, die nicht nur aus natürlichen Rohstoffen bestehen, empfehle ich, die Frettchen nur beaufsichtigt damit spielen zu lassen. Viel zu gefährlich wäre beispielsweise, wie schon erwähnt, ein Quietschetierchen aus Vinyl, das vom Frettchen zerbissen und verschluckt wird. Dann besteht nämlich die Gefahr eines Darmverschlusses.

Achtung!
Plastiktüten sollten wegen der Erstickungsgefahr nicht zum Spielen angeboten werden.

Viel Abwechslung kann man Frettchen auch mit selbst gestalteten oder gebastelten Dingen bieten. Hierzu zählen zum Beispiel:

- große Schalen, gefüllt mit Wasser, Erde, Sand, Papierschnipseln, Klopapierrollen und vielem mehr
- Bällchen
- große Kartons mit vielen Schlupflöchern
- alte Socken, gefüllt mit Backpapier und einem Glöckchen

Hier sind der Fantasie keine Grenzen gesetzt.

Natürlich kann man in den verschiedenen Behältern auch Leckerli verstecken, um die Frettchen zu animieren.

Mit Zähnen und Pfötchen werden alle Spielsachen genau untersucht und nicht selten „frettchengerecht" zerlegt.

Frettchen lieben es, Gegenstände zu stehlen und irgendwo zu verstecken.

Egal, was den Frettchen zum Spielen angeboten wird, ich würde es ihnen immer nach wenigen Stunden wieder wegnehmen oder aus der Wohnung, den Gehegen oder dem Käfig entfernen, damit es ihnen nicht langweilig wird. Es besteht nämlich sehr schnell die Gefahr, dass Frettchen sich langweilen.

Besser ist es, dem Frettchen jeden Tag neue Dinge und Spielsachen zu bieten. Es müssen nie viele Sachen auf einmal sein. Wichtig ist, dass die Spielsachen nur alle paar Tage zum Vorschein kommen, damit sich die Frettchen wieder richtig über die Sachen freuen und dafür begeistern.

Besonders gern wird jedoch oft mit Dingen gespielt, die eigentlich gar nicht dafür bestimmt sind oder die die Frettchen niemals in die Pfoten bekommen sollten, sei es der Autoschlüssel, der Lieblingskuli mit Gummigriff oder das Handy. Gegenstände, die nach „ihrem" Menschen riechen, sind meist besonders attraktiv und einladend, um gemopst zu werden. Ideal ist es dann, wenn man die Lieblingsecke schon kennt, in die das Frettchen alles verschleppt. Dann ist es meistens nur ein Handgriff und man kann alles an seinen (frettchensicheren) Platz zurücklegen – außer natürlich dann, wenn die Zerstörungswut schon über das Frettchen gekommen ist.

Frettchen erziehen

Frettchen sind von ihrem Spielverhalten her ein wenig zu vergleichen mit einem Hund. Das heißt jedoch nicht, dass sie sich auch erziehen lassen wie ein Hund oder man ihnen Hunderte von Tricks beibringen kann. Das Prinzip des Lernverhaltens mit einer positiven Bestärkung ist aber dasselbe.

Frettchen sind sehr selbstständige, eigenwillige und dickköpfige Lebewesen, sodass es unter Umständen auch mal etwas länger dauern kann, bis sie das gelernt haben, was ihnen der Mensch beibringen möchte.

Als Leckerli kommt vor allem die Vitaminpaste, die schon mehrfach erwähnt wurde, bei den Frettchen sehr gut an. Natürlich sind aber auch alle Arten von getrocknetem Fleisch geeignet sowie spezielle Leckerli für Frettchen, die auch zu fast hundert Prozent aus Fleisch bestehen sollten.

Richtig belohnen
Wie man ein Frettchen belohnt, hängt immer davon ab, was es für einen Charakter hat. Manche wollen gekuschelt werden, andere lieber spielen und für wieder andere ist in so einer Situation ein Leckerli das Größte.

Dies alles sind sehr leckere und gleichzeitig auch gesunde Belohnungen, von denen man auch mal etwas mehr geben kann. Zwischendurch kann man ebenfalls etwas Lieblingsgemüse als Leckerli anbieten, wie zum Beispiel Gurke oder Paprika.

In Verbindung mit der positiven Bestärkung würde ich nicht unbedingt ein Signal wie „fein“ wählen, da es sich sehr ähnlich anhört wie das negative „Nein“, selbst wenn man die Stimme anders benutzt und anders betont. Besser wäre „lieb“ oder „brav“.

Die Vitaminpaste ist ideal für die positive Bestärkung wie hier beim Gewöhnen an das Geschirr.

Nehmen wir einmal ein Beispiel: Das Frettchen soll lernen, dass es nicht erwünscht ist, in Blumentöpfen zu buddeln.

Die meisten Frettchen lieben es einfach, in allem Möglichen zu buddeln und alles zu verschieben, was so in der Wohnung herumsteht. Trifft das junge Frettchen nun auf den heiß begehrten Blumentopf, wird es sich sofort kopfüber hineinstürzen und anfangen, wild die Erde aus dem Topf zu werfen. Das ergibt eine große Sauerei, vor allem, wenn das Frettchen oder seine Kumpels danach noch mit den dreckigen Pfötchen kreuz und quer durch die Wohnung hüpfen, sich freuen oder sogar durch den edlen Lieblingsteppich schubbern, um sich die Erde aus dem Gesicht zu reiben.

Die wichtigsten Eigenschaften eines Frettchenbesitzers sollten sein: Konsequenz, Ausdauer und Geduld.

Um einem Frettchen nun beizubringen, dass es das nicht darf, muss man es, wenn es zielstrebig auf den Blumentopf zuwackelt, dort wieder wegnehmen, „Nein" sagen und woanders hinsetzen.

Hat es das akzeptiert und macht sich nicht sofort wieder auf den Weg zum Topf, bekommt es eine kleine Menge Vitaminpaste oder ein sonstiges Leckerli oder es wird belohnt, indem man mit ihm spielt oder mit ihm kuschelt.

Die meisten Frettchen werden aber – zum Leidwesen des Besitzers – nicht beim ersten Mal akzeptieren, dass sie sich anders beschäftigen sollen. Sie werden den kürzesten Weg nehmen, um wieder an den Ort ihres Interesses zu gelangen. Natürlich wird das Frettchen dann auch nicht zögern, wieder zu buddeln. Dann muss das Frettchen wieder weggenommen und abgelenkt werden.

Dieser Vorgang kann und muss – je nach Frettchen – zwischen 50- und 500-mal wiederholt werden. Manche Frettchen werden danach wissen, dass es ein unerwünschtes Verhalten ist, und sich bemühen, nicht im Blumentopf zu buddeln, bis es sie einfach irgendwann überkommt und sie nicht mehr widerstehen können. Mit anderen Frettchen wird man dieses Spielchen tagelang wiederholen müssen, damit sie davon ablassen.

So verhält sich das bei jeder Unart und bei allem, was man seinem Frettchen beibringen will.

Kleine Tricks

Natürlich kann man seinen Frettchen auch kleine Tricks beibringen. Mit ein paar Leckerli und geduldigem Zureden machen die meisten Frettchen dabei mit. Für den Anfang ist es ganz sinnvoll, seinen Frettchen Sachen anzutrainieren, die sie von sich aus anbieten und gern machen.

Das „Männchenmachen" ist eine der leichtesten Übungen.

Männchenmachen

Das „Männchenmachen" ist zum Beispiel eine ganz einfache Übung. Hierfür nimmt man einfach ein Leckerli (oder auch ein Fleischstückchen oder die Lieblingspaste) und hält es dem Frettchen in etwas Abstand über den Kopf. Macht sich das Frettchen groß und streckt sich, bis es nur noch auf den Hinterbeinen steht, bekommt es sofort das entsprechende Kommando und ein Bestätigungssignal (wie zum Beispiel „So ist's lieb" oder „brav") sowie das Leckerli.

Namen beibringen

Um Frettchen an ihren Namen zu gewöhnen, muss man sich einzeln it jedem Tier beschäftigen. Ich handhabe das so, dass ich die Frettchen beim Spielen oder Schmusen direkt mit ihrem Namen anspreche. Dabei kann man auch hin und wieder etwas Vitaminpaste „zum besseren Verständnis" anbieten. Wenn man den Namen ausspricht und das Frettchen einen anschaut oder angerannt kommt, muss es sofort belohnt werden.

Wichtig finde ich hierbei auch, dass das Frettchen seinen Namen nur mit positiven Ereignissen verknüpft. Das Frettchen sollte also nicht mit dem Namen geschimpft werden, wenn es etwas anstellt. In den Fällen reicht einfach ein „Hey" oder „Nein".

Zusätzlich muss man das angesprochene Frettchen natürlich anschauen. Dann wissen die anderen Frettchen in der Truppe auch gleich, dass es nicht um sie geht.

Auf die Toilette gehen

Eine gute Voraussetzung für den Toilettengang ist das Erlernen beim Züchter und den Elterntieren. Sollten die Elterntiere nicht auf die Toilette gehen, wird es meistens auch schwieriger bei deren Welpen, da diese sich nicht abschauen konnten, wie es richtig gemacht wird.

Bekommt man Welpen, die beim Züchter schon auf ihre Toilette gingen, muss man das sorgfältig weiter fördern. Das bedeutet, wenn der Welpe im neuen Zuhause ankommt, sollte er zuerst einmal auf die Toilette gesetzt werden. Denn erstens müssen Frettchen (und besonders Welpen) ständig aufs Klo und zweitens wissen die kleinen Monster dann auch sofort, wo sich die Toilette befindet. Haben sie einmal reingemacht, ist es beim nächsten Mal gleich viel einfacher.

Hat das Frettchen aber doch erfolgreich neben der Toilette oder ganz woanders sein Geschäft verrichtet, sollte das Häufchen am bestens sofort in die Toilette verfrachtet werden. So weiß der Welpe dann schon eher, wofür die Toilette sein soll, schließlich riecht es auch danach.

Die Stelle, an die fälschlicherweise gemacht wurde, muss geputzt und desinfiziert werden, damit es wieder frisch riecht. Sonst macht derselbe oder der nächste Welpe auch dorthin.

Machen die Welpen immer wieder an den falschen Platz vor der Toilette,

- sollte ein anderes Katzenstreu ausprobiert werden,
- ist die Toilette zu voll und muss öfter gesäubert werden,
- kann man alles rund um die Toilette mit Kuscheltüchern auslegen, weil die Frettchen diese nicht verschmutzen wollen.

Machen die Frettchen ganz woanders hin, sollte die Toilette gegebenenfalls in diese, von den Frettchen ausgesuchte Ecke gestellt werden. Sturheit nützt hier oft nicht viel. Die Frettchen würden vermutlich sowieso länger durchhalten.

> **!** **Achtung!**
> Das Desinfizieren der Stellen, auf die Frettchen Kot oder Urin abgesetzt haben, sollte nicht mit Haushaltsreiniger, sondern mit Desinfektionsmittel speziell für Tiere erfolgen. Dieses schädigt weder die Atemorgane noch riecht es nach Ammoniak, was die Tiere wieder dazu verführen würde, ihren Kot an der falschen Stelle abzusetzen.

Frettchen im Grünen

Frettchen sind sehr entdeckungsfreudige Tiere und alles Bekannte wird schnell langweilig. Deshalb sind Spaziergänge eine tolle Abwechslung in Sachen Gerüchen, Geräuschen, Bildern, Bewegungen, Kontakten und Witterung. Das Frettchen hat immer viel zu schnüffeln und zu entdecken.

Wenn man sein Frettchen kennt und ihm vertraut, es sich selbstsicher bewegt und nicht ängstlich vorläuft oder schnell erschrickt, kann man es in geeigneten Arealen frei laufen lassen. Generell liegt dem Frettchen nichts daran, vor uns wegzurennen oder zu flüchten. Sehr oft habe ich beobachtet, dass Frettchen einfach zu neugierig sind. Kaum setzt man sie im Freien auf den Boden, stecken sie ihren Rüssel ins Gras und muckern los. Sie schnüffeln über den Boden, stecken das Näschen in interessante Höhlen oder finden eine tolle Stelle zum Buddeln.

Besteht eine enge Bindung zum Menschen, kann man Frettchen draußen auch frei laufen lassen.

Sind sie nun einmal in ihrer spannenden Umwelt, gehen sie ihrer Nase nach und passen nicht immer auf, wohin sie laufen. So kann es auch passieren, dass sie ihren Weg gehen und erst nach zehn Minuten aus ihrer kleinen, interessanten, verträumten Welt aufwachen. Sobald sie dann merken, wo sie sind und wo wir sind, kommen sie meistens wieder zurückgewackelt. Manche stöbern aber auch noch etwas weiter.

Sind es ängstliche oder gar scheue Frettchen, würden sie beim erstbesten Geräusch unter einen Busch, durch einen Zaun oder in ein Loch schlüpfen, um sich zu verkriechen. Dies geht so schnell, dass man dann keine Zeit mehr hat zu reagieren und sein Frettchen nicht schnappen kann. Wenn es vor Schreck davongehuscht ist, kann es sein, dass es nicht sofort zurückkommt. Schließlich hat es Angst und verkriecht sich.

Sehr ängstlichen und unsicheren Frettchen würde ich den Gang nach draußen ersparen. Diese Tiere würden sich absolut nicht wohlfühlen, sondern sich wünschen, wieder in die Wohnung zu dürfen. Solche Frettchen müssen erst in ihrer bekannten Umgebung lernen, mit neuen Eindrücken umzugehen. Man muss sie an verschiedene Geräusche und Untergründe gewöhnen, auch wenn man gar nicht das Ziel hat, mit ihnen nach draußen zu gehen. Kein Tier, das allzu viel und oft Angst hat, fühlt sich wohl.

Es gibt verschiedene Gegenstände und Geräusche, die das Frettchen kennen sollte. Im Folgenden finden Sie eine Reihe von Möglichkeiten,

Beim Spaziergang haben Frettchen immer viel zu entdecken.

wie man ein Frettchen desensibilisieren kann, indem man es konfrontiert mit

- Katzentoiletten gefüllt mit Wasser, Erde oder Papierschnipseln,
- Knisterpapier (bitte nie unbeaufsichtigt mit Folien oder Tüten spielen lassen),
- Pappkartons gefüllt mit Spielzeug oder anderen Dingen,
- Bällchenbad,
- Spielzeuge, die knistern, rascheln, quietschen, grunzen,
- Staubsaugen,
- Klappern mit Geschirr und Besteck,
- Klatschen,
- Quietschen und lautem Reden,
- Klopfen an Türen und Fenster.

Mit dieser Desensibilisierung sollten Sie ganz langsam beginnen und natürlich nicht innerhalb kürzester Zeit die Tiere mit allem konfrontieren. Es nützt also nichts, wenn man direkt am ersten Tag Kochtöpfe aus großer Höhe auf den Fliesenboden fallen lässt, dazu in die Hände klatscht und laut schreit. Jedes Frettchen würde sich bei so etwas erschrecken, sich schnellstmöglich verkriechen und einen mit riesengroßen, ungläubigen Augen anstarren.

Also: Langsam anfangen und auch bei „geübten", mutigen oder selbstbewussten Frettchen nie übertreiben. Einfach einmal eine „Wasser-

Toilette" aufstellen, Bälle oder Träubchen (oder andere Leckereien) hineinwerfen und abwarten, was passiert.

Am nächsten Tag darf man auch anstelle des Wassers eine Hand voll Kaffeelöffel in die leere Toilette legen, damit die Frettchen die Geräusche auch selbst erforschen können. Und so geht es immer weiter.

Gassi gehen

Gern darf man mit seinen Frettchen an einer Leine und mit einem frettchensicheren Geschirr Gassi gehen und sie ihre Umwelt erkunden lassen. Die meisten Frettchen gehen sehr gern auch außerhalb der Wohnung spazieren.

Halsbänder eignen sich absolut nicht, da Frettchen einen relativ kleinen Kopf haben, über den das Halsband nach wenigen Sekunden rutschen würde. Wenn sich das Frettchen dann erschreckt, ist die Gefahr

Mit einem speziellen Geschirr mit Leine kann man mit seinem Frettchen auch richtig „Gassi gehen".

groß, dass es sich ruckzuck irgendwo verkriecht oder davonhuscht. Um das zu vermeiden, sollte man für den Spaziergang spezielle Brustgeschirre für Frettchen kaufen und diese sicher anlegen. Am leichtesten ist es, das Frettchen dabei mit Vitaminpaste abzulenken.

Ich klemme die Paste zwischen die Knie und setze mein Frettchen auf den Schoß. Sofort fängt das Frettchen an, an der Paste zu schlecken. So kann ich das Geschirr ganz einfach anlegen und verschließen. Ist das Frettchen noch nicht an ein Geschirr gewöhnt, sollte man nicht mit ihm nach draußen gehen und Gassi-geh-Versuche starten. Stattdessen sollten Sie das erst einmal in gewohnter Umgebung üben.

Kennt das Frettchen das Anlegen des Geschirrs und weiß, dass es dann nach draußen geht, wird es sich auf den Ausflug freuen und das Geschirr ohne Bestechung anlegen lassen.

Viele Frettchen möchten sich allerdings das ungewohnte Geschirr abstreifen, indem sie sich über den Boden schubbern oder mit den Pfoten versuchen, sich aus dem Geschirr herauszudrücken. Sollte dies der

Freut sich das Frettchen auf den Spaziergang, lässt es sich das Geschirr auch freiwillig anlegen.

Fall sein, würde ich es von der ungewohnten Situation ablenken. Dies geht prima mit Paste, dem Lieblingsspielzeug oder einem Eintagsküken als Leckerli.

Das Frettchen sollte das Geschirr anfangs nicht zu lange anhaben. Also rate ich, das Geschirr nach wenigen Minuten wieder abzunehmen. Dies sollte in einem Moment geschehen, in dem sich das Frettchen nicht damit beschäftigt, das Geschirr selbst loszuwerden. Die Zeit, in der das Frettchen das Brustgeschirr trägt, kann dann langsam gesteigert werden. Erst wenn es sich absolut nicht mehr für das Geschirr interessiert, können Sie die Leine zum ersten Mal am Geschirr einhaken und versuchen, das Frettchen vorsichtig zu führen beziehungsweise ihm die richtige Richtung zu zeigen.

Wie bringt man aber nun seinem Frettchen bei, in die richtige Richtung zu laufen? Geht das Frettchen in die völlig falsche Richtung oder will irgendwo hinein- oder durchkriechen, bleibe ich einfach stehen, sodass es nicht weiter kann. Läuft das Frettchen schließlich in die von mir gewünschte Richtung, laufe ich langsam weiter. So lernen die neugierigen Monster sehr schnell, was man von ihnen möchte.

Erst ab dem Zeitpunkt, in dem das Frettchen einigermaßen verstanden hat, wie es sich an der Leine zu verhalten hat, dürfen Sie das erste Mal die

Erst wenn das Frettchen an die Leine gewöhnt ist und keine Angst zeigt, sollte man mit ihm Spaziergänge unternehmen.

Wohnung verlassen und mit ihm an der Leine hinausgehen. Den abenteuerlustigen Frettchen wird das einen riesigen Spaß machen. Sie können neue Dinge erkunden, Gerüche entdecken und Insekten ausbuddeln.

Sollte ein Frettchen aber ununterbrochen Deckung suchen und sich aus Angst verkriechen wollen, versuchen Sie, ihm mit ruhiger Stimme zuzureden und es zum Beispiel mit Vitaminpaste nebenher abzulenken.

Beruhigt es sich wieder, würde ich es trotzdem auf den Arm nehmen und nach Hause tragen. Auch wenn es dann nur ein kurzer Ausflug war, so wurde er doch mit einem positiven Ergebnis für das Frettchen beendet. Am nächsten Tag können Sie dann wieder einen neuen Ausflug wagen. Sie werden merken, dass das Frettchen von Mal zu Mal entspannter wird und keine riesige Angst mehr zeigt.

Wenn sich das ängstliche Verhalten des Frettchens aber auch nach mehrmaligen Versuchen nicht bessert, ist der Spaziergang eher nicht das Richtige, um ihm Spaß zu bieten. Suchen Sie dann eine andere Beschäftigungsmöglichkeit für Ihr Frettchen aus.

Frettchen und andere Haustiere

Oft sind Frettchen nicht die ersten oder einzigen Tiere in einem Haushalt. Viele Frettchenbesitzer halten beispielsweise auch Katzen, Hunde, Kaninchen oder andere Kleintiere. Da sich aber Frettchen nicht unbedingt mit jeder anderen Tierart vertragen, sollten man auf alle Fälle Verschiedenes beachten und Sorgfalt walten lassen.

Frettchen bleiben Beutegreifer und können daher nicht mit allen anderen Kleintieren zusammen gehalten werden.

Frettchen und Kleintiere

Frettchen und Kleintiere wie Vögel und Nager, aber auch Reptilien oder Amphibien sollten auf keinen Fall miteinander Kontakt haben.

Da Frettchen nun mal Beutegreifer sind, werden sie auch vor den kleinen, tierischen Familienmitgliedern nicht Halt machen. Aus diesem Grund ist es ratsam, niemals auszuprobieren, ob sich das brave Lieblingsfrettchen nicht vielleicht doch mit dem Kaninchen verträgt. Das Frettchen würde nicht lange zögern und nach dem – in seinen Augen – Beutetier beißen.

Ein Kaninchen kommt dadurch vielleicht nicht unbedingt zu Tode, Frettchen können aber tiefe Fleischwunden verursachen. Was dagegen mit sensiblen Kaninchennäschen passiert, wenn ein Frettchen zubeißt, möchte man sich gar nicht vorstellen – ganz zu schweigen vom kleinen Hamster!

Auch wenn Frettchen erst noch klein und süß sind, darf man sie nicht unterschätzen.

Selbst Kleintiere im Käfig leben gefährlich. Frettchen werden versuchen, von oben oder von den Seiten durch die Gitterstäbe zu greifen oder zu schnappen. Vielleicht passen sie sogar zwischen den Gitterstäben hindurch, dann hätte das arme Kleintier keine Chance und es würde ziemlich schnell getötet werden.

Leider gibt es auch sehr viele unvorsichtige Kleintiere. Schließlich kennen sie den Frettchengeruch von den Händen und der Kleidung ihres lieben Menschen, der ihnen noch nie etwas Böses getan hat. Immer wieder gibt es Kleinnager, die dem Frettchen neugierig ihr Näschen durch das Käfiggitter entgegenstrecken, was sie dann mit dem Leben bezahlen.

Es muss also darauf geachtet werden, dass Tiere, welche nicht in Terrarien oder Aquarien (mit Deckel) gehalten werden, auf jeden Fall in einem Zimmer untergebracht sind, zu dem die Frettchen keinen Zutritt haben. Es ist sogar zu gefährlich zu sagen, man lässt das Frettchen nur unter Aufsicht in diesem Zimmer laufen. Frettchen können so unglaublich schnell sein, wenn sie sich etwas in den Kopf gesetzt haben, dass man es unter Umständen nicht mehr schafft, das Kleintier zu retten.

Achtung!
Unternehmen Sie niemals Versuche, Frettchen mit anderen Kleintieren zu vergesellschaften!

Und ganz ehrlich: Wenn es sich vermeiden lässt, muss das doch nicht sein!

Frettchen und Katzen oder Hunde

Das Zusammenleben von Frettchen mit Katzen oder mit Hunden klappt meistens sehr gut. Die meisten Katzen und Hunde werden, wenn sie die Frettchen einige Zeit beobachten konnten, versuchen, mit ihnen zu spielen, oder werden sie neugierig beschnüffeln.

Manche Katzen, welchen die Frettchen zu unheimlich oder zu frech und verspielt sind, verziehen sich häufig auf den Kratzbaum oder den Schrank, um den nervigen Mitbewohnern aus dem Weg zu gehen. Nachdem sich Katzen an Frettchen gewöhnt haben, kann man aber oft beobachten, wie sie wirklich schön miteinander spielen und wie beide Tierarten vorsichtig und respektvoll miteinander umgehen.

Hütehunde mit weniger ausgeprägtem Jagdtrieb lassen sich am ehesten mit Frettchen vergesellschaften.

Das Tolle an der Kombination von Frettchen und Katze ist, dass diese Frettchen meistens am einfachsten stubenrein werden, da sie das Verhalten von den im Normalfall hundertprozentig stubenreinen Katzen abschauen.

Bei der Vergesellschaftung von Hunden mit Frettchen kommt es in den meisten Fällen auf den Hund an, ob es klappt. Beispielsweise ist es sehr schwierig bis unmöglich, einem Hund, der einen sehr stark ausgeprägten Jagdinstinkt hat oder der sogar jagdlich geführt wird, beizubringen, dem Frettchen nichts Böses zu tun, sondern es als Familienmitglied zu akzeptieren.

Hütehunde lassen sich generell am einfachsten auf andere Tiere ein und sind behutsam und freundlich. Es kommt also immer auf den Hund an, denn er kann das Frettchen schnell verletzen oder im schlimmsten Fall sogar töten. Man sollte den Hund kennen und ihn sehr gut beobachten.

Nie ohne Aufsicht!
Bei der Vergesellschaftung solch verschiedener Tierarten ist sehr wichtig, dass man sie nicht unbeaufsichtigt zusammen allein lässt. Schließlich kann doch immer einmal etwas passieren, wenn die Kräfte so ungleichmäßig verteilt sind.

Körper- und Gesundheitspflege

Nicht nur Erziehung und Spiel, auch die Körperpflege gehört zu den regelmäßigen Aufgaben eines Frettchenhalters. Hier gibt es verschiedene Dinge zu beachten, damit sich die Frettchen rundum wohlfühlen.

Ohren putzen

Ich empfehle, die Ohren der Frettchen regelmäßig zu reinigen, nicht nur, damit sie blinken und blitzen, sondern um sie auch immer unter Kontrolle zu haben. Denn Frettchen neigen zu einem Befall mit Ohrmilben, was im Anfangsstadium zwar nicht tragisch ist, in späteren Stadien aber zu Ohrproblemen führen oder sogar das Gleichgewichtsorgan im Ohr beeinträchtigen kann.

Sind die Frettchenohren von Ohrmilben befallen, sieht man in der Ohrmuschel häufig einen dunklen, bröckeligen Belag. Pflegt man die Ohren seines Frettchens und säubert sie alle ein bis zwei Wochen, entdeckt man sehr schnell jede Veränderung und eben auch diesen Belag.

Möchte man die Ohren des Frettchens putzen, reicht es nicht aus, das Tier mit Vitaminpaste oder Ähnlichem abzulenken. Kein Kleintier möchte nasse Ohren haben und deshalb würde sich das Frettchen immens gegen das Ohrenputzen wehren.

Bei der Ohrenpflege hält man das Frettchen am besten in der Tragschlaffe.

Die einfachste Methode ist dann, das Frettchen in der Tragschlaffe zu halten. Dies geht ganz einfach, indem man das Frettchen mit Daumen, Zeige- und Mittelfinger an der Genickhaut hochhebt.

So kann man dem Frettchen ganz einfach mit der anderen Hand ein Präparat zur Ohrreinigung in das Ohr träufeln. Hierfür sollte die einzugebende Flüssigkeit Zimmer- bis Körpertemperatur haben, um es dem Frettchen so angenehm wir möglich zu machen.

Damit das Mittel ein wenig ins Ohr läuft, halte ich das Frettchen noch ein paar Sekunden in der Tragschlaffe fest. Setze ich das Frettchen dann ab, wird es kurz den Kopf schütteln. Dabei kommt nicht nur die Flüssigkeit wieder aus den Ohren, sondern auch ein wenig von dem Schmutz.

Die Ohrmuschel kann man dann vorsichtig mit einem Tuch oder einem Wattestäbchen reinigen. Natürlich darf man nicht in den Gehörgang eindringen und das Trommelfell verletzen. Deshalb sollte man nur die Ohrmuscheln und die „knorkeligen" Windungen in der Ohrmuschel säubern.

Bei Verdacht auf Ohrmilben sollte man seine Tiere zum Tierarzt bringen. Dieser wird die Ohren untersuchen und gleich feststellen können, ob ein Befall besteht oder nicht.

Sollten Ohrmilben festgestellt werden,

- müssen die Frettchen behandelt werden.
- müssen alle Kuschelsachen und Spielzeuge bei 90 °C gewaschen werden.
- sollte der Käfig komplett desinfiziert werden.

Beim Reinigen der Ohren darf man nicht in den Gehörgang eindringen.

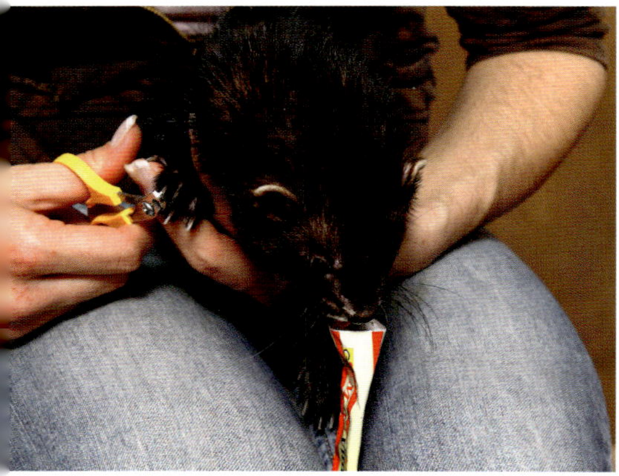

Beim Krallenschneiden bietet sich das Ablenken mit Vitaminpaste an.

Krallen schneiden

Da die Krallen der Frettchen sehr schnell wachsen und sich nicht genügend selbst abnutzen, müssen sie in regelmäßigen Abständen geschnitten werden. Hierzu eignet sich am besten eine Krallenschere, welche speziell für Kleintierkrallen entwickelt wurde. Diese zwickt die Kralle nicht einfach nur ab, sondern umschließt die Kralle von allen Seiten, sodass sie dann gekürzt werden kann. Auf diese Art brechen die Krallen nicht ab oder reißen ein, sondern werden gezielt abgeschnitten.

Hierfür klemme ich eine Tube mit Vitaminpaste zwischen meine Knie und „docke" das Frettchen an. So lassen sich die Frettchen das Krallenschneiden problemlos gefallen.

Das Tolle ist, dass selbst Frettchen mit schwarzen Pfötchen immer helle, durchsichtige Krallen haben, bei denen man die Blutgefäße wunderbar sehen kann, sodass nicht die Gefahr besteht, dass man zu viel abschneidet und es zum Bluten kommt.

Entwurmen

Frettchen sollten, wie auch Hunde und Katzen, viermal im Jahr vorsorglich entwurmt oder auf Wurmbefall hin untersucht werden.

Für die Untersuchung eignet sich am besten eine Kotprobe, die man über einen Zeitraum von drei Tagen (täglich und wenn möglich von jedem Frettchen einzeln) gesammelt hat.

Aufgrund dieser Kotprobe kann der Tierarzt feststellen, ob ein Wurmbefall vorliegt. Sollten Würmer festgestellt werden, muss mit einem entsprechenden Präparat entwurmt werden. Ist die Wurmkur abgeschlossen, wird sicherheitshalber erneut durch den Tierarzt auf Würmer hin untersucht.

Impfen

Es gibt gewisse Erkrankungen, gegen die erfolgreich geimpft werden kann. Es ist nämlich falsch zu behaupten, Frettchen in Wohnungshaltung könnten sich nicht anstecken. Denn Krankheitserreger können von draußen ebenso gut über die Kleidung oder Schuhe in die Wohnung gebracht werden.

Krankheiten, gegen die es einen Impfschutz gibt, sind Staupe und Tollwut. Diese Krankheiten können tödlich verlaufen, außerdem ist Tollwut auch auf den Menschen übertragbar und höchst gefährlich.

Leider gibt es für andere Erkrankungen noch keine speziellen für Frettchen entwickelten zugelassenen oder wirksamen Impfstoffe, die vorsorglich injiziert werden könnten.

Impfplan für Frettchen

Impfstoff	Grundimunisierung		Auffrischungs-impfung
Staupe (Febrivac Dist von IDT)	Mit der 8. Lebenswoche (Impfschutz sofort vorhanden)	Mit der 12. Lebenswoche	Einmal jährlich
	Alternativ: keine Erstimpfung	Ab der 10. Lebenswoche reicht eine Impfung	Einmal jährlich
Tollwut (Riemser Vakzine)	Mit der 16. Lebenswoche (Impfschutz erst nach vier Wochen vorhanden)	Keine Zweitimpfung	Einmal jährlich

Mit Frettchen verreisen

Wenn man mit Frettchen ins Ausland verreisen möchte, sollten sie elektronisch gekennzeichnet sein, was bedeutet, dass sie einen Mikrochip (ISO-Norm 11784 oder 11785) haben müssen, um eindeutig identifiziert werden zu können. Dieser wird auf der linken Halsseite zwischen dem linken Ohr und der linken Schulter injiziert. Bei Reisen in EU-Länder ist diese elektronische Kennzeichnung seit dem 1. Juli 2011 Pflicht.

Des Weiteren benötigen sie einen EU-Heimtierpass und eine gültige Tollwutimpfung. Diese Impfung muss bei der Einreise mindestens 21 Tage zurückliegen.

Für die Einreise in manche Länder benötigen die Frettchen außerdem eine Bescheinigung darüber, dass sie entwurmt wurden. Hierbei muss angegeben werden, mit welchem Präparat und welcher Dosis entwurmt wurde und wie die Behandlung erfolgte (oral oder parenteral).

Bei speziellen Fragen wenden Sie sich an das Veterinäramt, die Veterinärbehörde des entsprechenden Landes oder die Botschaft.

Sonderfall Frettchenwelpen

Einige Mitgliedsstaaten der EU erlauben auch die Einreise der Frettchenwelpen ohne Tollwutimpfung. Voraussetzung ist hier aber, dass die Welpen nicht über drei Monate alt sind. Außerdem dürfen sie den Bestand des Züchters nie verlassen haben sowie keinen Kontakt zu wild lebenden Tieren gehabt haben, die eine Infektion mit dem Tollwutvirus haben könnten. Dies muss der bestandsbetreuende Tierarzt bescheinigen.

Kastration

Sowohl männliche als auch weibliche Frettchen, mit denen nicht gezüchtet wird, sollten kastriert werden. Das erfolgt idealerweise, bevor sie geschlechtsreif werden (in die Ranz kommen), was etwa im Alter zwischen fünf und neun Monaten geschieht. Den Eingriff sollte nur ein erfahrener Tierarzt vornehmen, der schon mehrfach erfolgreich Frettchenrüden und Frettchenfähen kastriert hat.

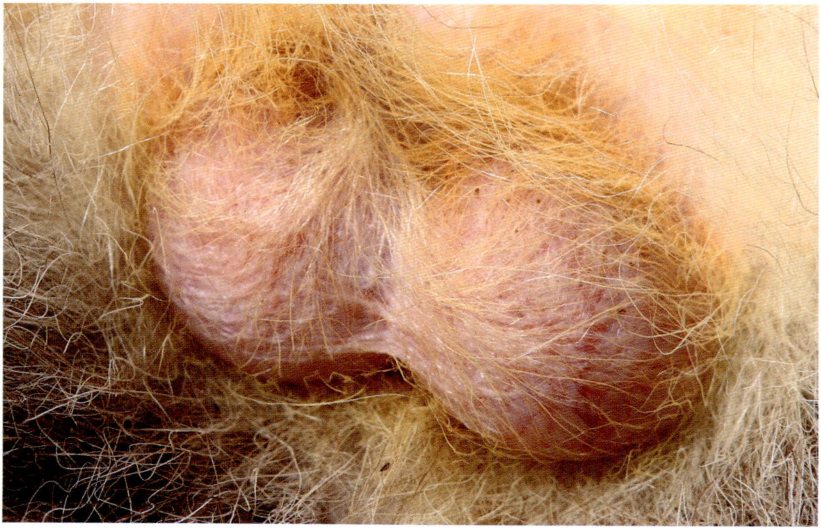

 Kommt ein Rüde in die Ranz, wachsen die Hoden auch deutlich an.

Die Rüden werden mit eintretender Geschlechtsreife meist von den Besitzern freiwillig zur Kastration gebracht. Denn ein Rüde, der in die Ranz kommt, riecht einfach nicht mehr so angenehm. Durch das Testosteron wachsen die Hoden deutlich an.

Rüden sollten vor der ersten Ranz kastriert werden, damit sie in der Frettchengruppe verträglich bleiben und gar nicht erst lernen, in der Wohnung oder dem Gehege zu markieren.

Fähen werden sehr oft nicht kastriert. Viele Besitzer gehen davon aus, dass beispielsweise zwei Mädels nicht kastriert werden müssten, da ja nichts „passieren" könne. Natürlich wird hier keine Schwangerschaft entstehen, aber es wird noch etwas viel Schlimmeres „passieren" – die Dauerranz, in die unkastrierte Fähen, die nicht gedeckt werden, sehr oft kommen. Die Dauerranz verläuft sehr häufig tödlich (siehe auch Kapitel „Die häufigsten Frettchen-Krankheiten").

Bei der Ranz schwillt die Vulva der Fähe deutlich an und das Tier wird unruhiger und nervöser. Es frisst und spielt eventuell weniger und ist ihren Artgenossen gegenüber zickiger. Auch Fähen sollten, aufgrund der Gefahr einer Dauerranz, vor Beginn der Ranz kastriert werden.

Vor der Kastration sollte das Frettchen nüchtern sein. Das heißt aber nicht, dass es ab dem Abend vor der Kastration nichts mehr zu fressen bekommt, sondern lediglich drei Stunden vorher. Da Frettchen einen sehr kurzen und schnell arbeitenden Verdauungstrakt haben, reicht die Zeit aus, um einen leeren Magen zu bekommen.

Nach der Kastration sollten die Frettchen am besten in einem „staubfreien" Gehege gehalten werden. Es bietet sich an, das kastrierte Frettchen

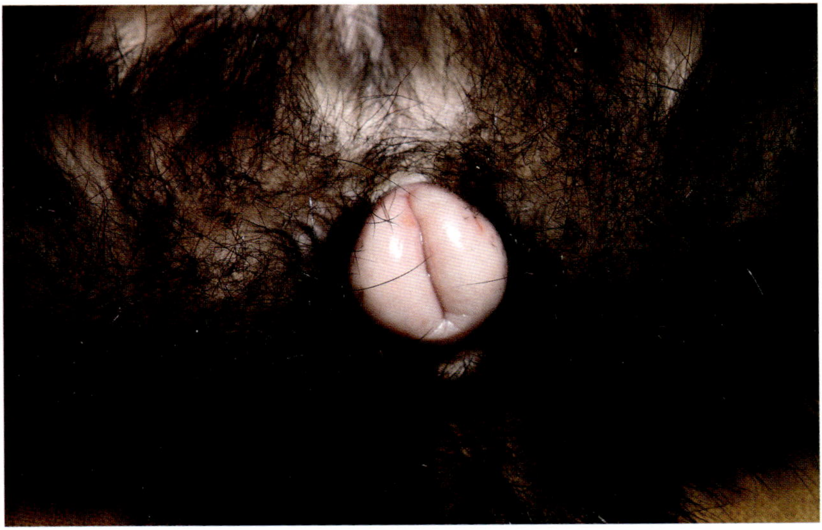

Kommt eine Fähe in die Ranz, ist das an der angeschwollenen Vulva zu erkennen.

ein paar Tage ohne Toiletteneinstreu zu halten, sondern – entgegen der sonstigen Gewohnheit – nur Küchenkrepp in die Toilettenecke zu legen. Das Küchenkrepp muss natürlich nach jedem Häufchen oder Pfützchen gegen ein sauberes Blatt ausgetauscht werden. So vermeidet man, dass Schmutz und Bakterien in die Wunde gelangen. Außerdem sollte die zeitweilige Unterbringung dafür sorgen, dass das Frettchen nicht viel klettern oder springen kann, damit die Wunde geschont wird.

Den allermeisten Frettchen geht es kurz nach der Operation schon wieder so gut, dass sie sehr schnell durch die Gegend flitzen und sich wie gewohnt verhalten.

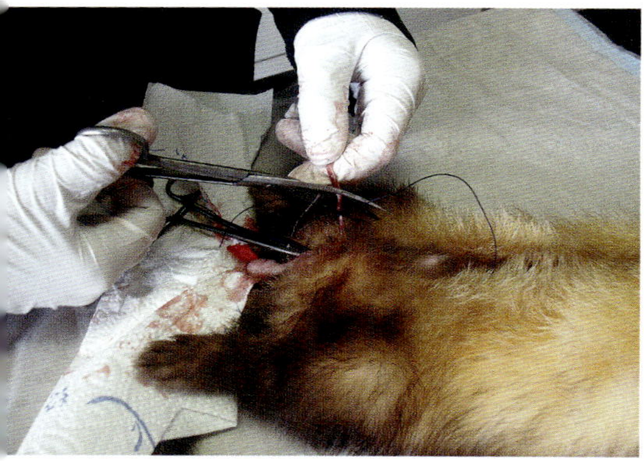

Kastration beim Rüden

Nachdem das Frettchen in Narkose gelegt wurde, wird die zu operierende Stelle desinfiziert. Zuerst wird der Hodensack aufgeschnitten. Aus dem Schnitt werden dann die Hoden vorsichtig herausgedrückt und nacheinander aus dem Hodensack gezogen. Danach werden beide Samenstränge abgeklemmt (siehe Foto) abgebunden und durchgeschnitten. Am Schluss wird die kleine Wunde vernäht.

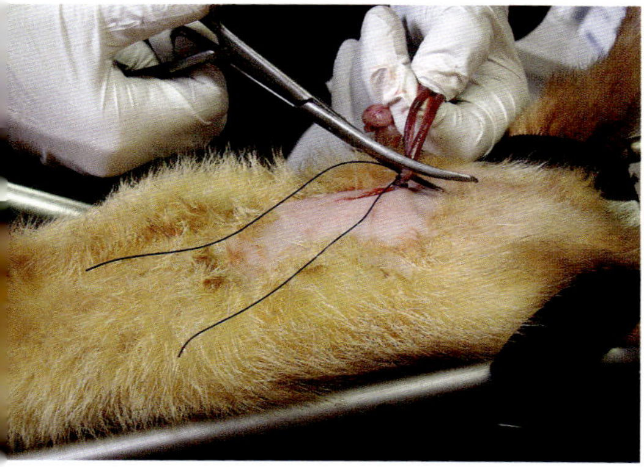

Kastration bei der Fähe

Zuerst wird der Bauch rasiert und desinfiziert. Nach dem Schnitt werden die Eierstöcke herausgezogen, abgeklemmt und abgebunden. Dann können die Eierstöcke durchtrennt werden (siehe Foto) und die Wunde wird wieder verschlossen. Nach wenigen Wochen, wenn alles verheilt und das Fell nachgewachsen ist, wird man keine Narbe mehr sehen.

Ernährung

Wie wir alle wissen oder wissen sollten, sind Frettchen Beutegreifer (früher hat man dazu Raubtiere gesagt) und somit Fleischfresser. Das bedeutet nicht nur, dass sie gern Fleisch fressen, sondern dass sie es für ihren Organismus dringend benötigen. Fleischfresser erkennt man ganz deutlich an ihrem Maul und den Zähnen. Frettchen besitzen am Kiefer ein Scharniergelenk, was nur ein einfaches Öffnen und Schließen des Kiefers ermöglicht, sowie natürlich ein Raubtiergebiss mit Reißzähnen.

Der Hauptbestandteil der Frettchennahrung ist Fleisch.

Da Frettchen eine sehr schnelle Verdauung haben (etwa drei bis vier Stunden), müssen sie ständig Wasser und Futter zur freien Verfügung haben. Bekämen sie über einen zu langen Zeitraum nichts zu fressen, würden sie sehr schnell unterzuckern. Durch die schnelle Verdauung, den kurzen Verdauungstrakt und die wenige Zeit zum Aufschließen des Futters in der Darmpassage benötigen Frettchen sehr hochwertiges, fleisch- und energiereiches Futter.

Die Hauptnahrung, die das Frettchen bekommt, sollte nicht ständig gewechselt werden. Das heißt, hat man ein sehr gutes und qualitativ hochwertiges Futter gefunden, welches die Frettchen gut vertragen, sollte man auch dabei bleiben. Natürlich kann man andere Futtersorten zu einem kleinen Teil damit vermischen. Dann hat man geschmackliche Abwechslung.

Möchte man seine Frettchen auf ein ganz anderes Futter umstellen, sollte dies langsam und Schritt für Schritt geschehen. Das Futter darf also nie von heute auf morgen komplett umgestellt werden. Die Frettchen würden mit ziemlicher Wahrscheinlichkeit Verdauungsprobleme und Durchfall bekommen.

Natürlich kann man aber zum Beispiel beim Nassfutter von einer Marke verschiedene Sorten miteinander abwechseln. Da das Futter zwar vielleicht eine andere Fleischsorte enthält, dennoch gleich zubereitet wurde, kommt es hier selten zu Problemen.

Für die Umstellung sollte man sich ungefähr zwei Wochen Zeit nehmen. Mit dem Trockenfutter, das die Frettchen gewohnt sind, wird anfangs nur sehr wenig von dem neuen Futter vermischt. Jeden Tag kann man dann den Anteil des neuen Futters etwas erhöhen, sodass man nach einer Woche das Futter zur Hälfte gemischt hat. Der Anteil des neuen

Trockenfutter sollte den Tieren ständig zur Verfügung stehen.

Futters wird dann immer weiter erhöht, bis man schließlich nach zwei Wochen komplett auf das neue Futter umgestellt, was ab dann ausschließlich gegeben wird.

Sicherlich können Sie sich dafür auch mehr als zwei Wochen Zeit lassen, weniger ist jedoch nicht ratsam.

Trockenfutter

Trockenfutter sollte jedem Frettchen jederzeit zur Verfügung stehen. Da sich Frettchen generell nicht überfressen, muss man auch nichts abmessen, sondern kann den Napf einfach immer gefüllt halten.

Leider liest man viel zu häufig, dass es völlig ausreichen würde, Frettchen ausschließlich mit Katzenfutter zu ernähren. Das ist schlichtweg falsch! Schon die Zusammensetzung, die man beim Frettchenfutter und Katzenfutter vergleichen kann, zeigt, dass die Werte völlig unterschiedlich sind – und das nicht ohne Grund.

Hier ein Vergleich zwischen hochwertigem Trockenfutter für Frettchen und für Katzen

Inhaltsstoffe	Trockenfutter für Frettchen	Trockenfutter für Katzen	Funktion
Rohprotein	40 %	36 %	Aufbau von Bindegewebe, Knochen, Muskeln usw.
Rohfett	23 %	18 %	Haupt-energielieferant
Rohfaser	7 %	2,5 %	Reguliert die Darmtätigkeit
Rohasche	1,5 %	7,5 %	Gesamtheit aller Mineralstoffe
Feuchtigkeit	10 %	7 %	Deckt den Wasserbedarf des Körpers

Man sieht also auf den ersten Blick, dass Frettchen mehr Rohprotein und Rohfett benötigen als Katzen. Wer seine Frettchen also mit Katzenfutter statt Frettchenfutter ernährt, macht seine Frettchen krank.

Inzwischen gibt es ein recht großes Angebot an Frettchen-Trockenfutter, was aber nicht heißt, dass jede dieser Futtermarken oder -sorten zu empfehlen ist.

Die meisten Hersteller wollen bei der Produktion sparen, was sich am einfachsten mit weniger Fleisch und Taurin verwirklichen lässt. Stattdessen werden Füllstoffe wie Zucker oder Getreide hineingepantscht. Dass dabei die Gesundheit der Tiere auf der Strecke bleibt, ist oft egal.

Optimale und artgerechte Ernährung bedeutet eine möglichst beuteähnliche Zusammensetzung des täglichen Futters. Frettchen sind Jäger, das heißt, dass sie in der Natur ganze Futtertiere erbeuten und fressen. Sie werden nicht nur das Fleisch fressen, sondern das ganze Tier, inklusive Fell oder Federn, Mageninhalt und allem Weiteren. Daraus ergibt sich folgende Faustregel:

Das Futter sollte bestehen aus

- 80 Prozent tierischem Anteil (Fleisch, Fisch) und
- 20 Prozent pflanzlichem Anteil (Gemüse, Obst, Getreide).

Ich bin aber der Ansicht, dass bei den Futtertieren der Mageninhalt nicht 20 Prozent Anteil beträgt, sondern weniger. Deshalb meine ich, dass noch etwas mehr Fleischanteil für Frettchen nur gut sein kann. Man könnte also abweichen und sagen:

- Mindestens 90 Prozent tierischer Anteil und
- höchstens 10 Prozent pflanzlicher Anteil.

Aus diesem Grund tut es gut, den Frettchen zusätzlich frisches Fleisch zu verfüttern. Des Weiteren ist darauf zu achten, dass weder Zucker, Farbstoffe, Geschmacksverstärker, künstliche Aromen oder chemische Zusätze im Futter enthalten sind.

Fütterung mit rohem Fleisch

Gleich einmal vorweg:

Nein – rohes Fleisch macht Frettchen weder aggressiv noch blutrünstig oder bissig!

Neben dem Trockenfutter ist es also auch sinnvoll, Fleisch anzubieten. Dies kann man in großen Stücken (wie Gulasch), gewolft (wie Hackfleisch) oder auch in ganzen Tieren geben.

- Ganze Tiere: Eintagsküken oder Mäuse
- Gewolft: Rinderhack, Geflügelhack
- In Stücken: Hühnerherzen, Hühnermägen

Das mögen Frettchen gern:
Hühnerherzen (a), Rinderherz zerkleinert (b), Hühnerhälse (c), Hühnermägen (d).

Fleisch kann man entweder ganz frisch beim Metzger holen oder man bekommt es tiefgefroren. Wenn man es beim Metzger holt, kann man es natürlich zwei bis drei Tage im Kühlschrank lagern oder selbst einfrieren. Tiefgefrorenes Fleisch nehme ich spätabends aus dem Gefrierfach, sodass ich es morgens sofort zimmerwarm verfüttern kann. Angetautes Fleisch darf keinesfalls wieder eingefroren werden. Bei aufgetautem Fleisch werden die Bakterien und Pilze zwar miteingefroren, nach dem Auftauen vermehren sie sich aber direkt und sehr schnell weiter. Kann man also nicht alles aufgetaute Fleisch auf einmal verfüttern, sollte man es vorsichtig anbraten und lieber so einfrieren.

Bei Fleisch ist darauf zu achten, dass es nicht zu lange im Frettchen-Zuhause bleibt. Es sollte also weder im Sommer verderben noch im Winter einfrieren. Ich achte immer darauf, dass meine Frettchen nur so viel Frischfleisch bekommen, dass es innerhalb von höchstens einer halben Stunde aufgegessen ist.

Zwei- bis dreimal pro Tag kann man seine Frettchen auf diese Weise verwöhnen. So vermeidet man auch, dass Frettchen allzu viel bunkern. Alles, was nach dieser Zeitspanne von einer halben Stunde noch zu finden ist, wird von mir weggeräumt und wandert in den Müll. Man hat aber recht schnell herausgefunden, wie viel die Frettchen auf einmal verputzen.

BARFen

Das erste Mal tauchte der Begriff BARF in den USA auf. Er wurde benutzt, um sowohl damit Hundebesitzer zu bezeichnen, die ihre Hunde nach dieser Methode ernähren, als auch das Futter selbst. Zunächst stand die Abkürzung für „Born Again Raw Feeders“ (wiedergeborene Rohfütterer), welche auch den ideologischen Aspekt dieser Bewegung verdeutlichte. Dann gab es die Bedeutung „Bones And Raw Foods“ (Knochen und rohes Futter). Im Deutschen wurde dafür ein neuer Bedeutungsinhalt, und zwar „Biologisches Artgerechtes Rohes Futter“, erfunden.

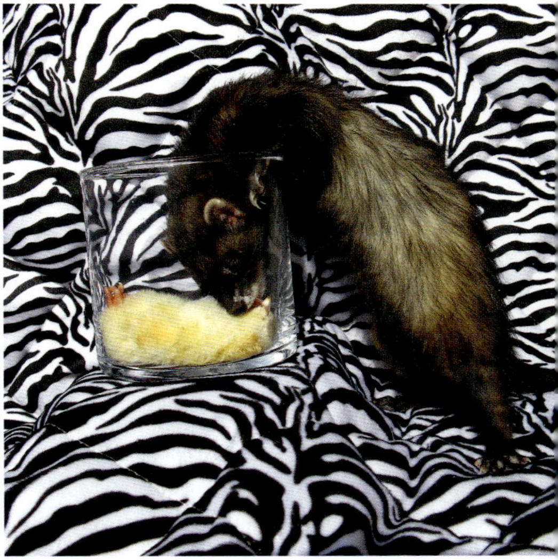

An Frettchen sollten regelmäßig ganze Tiere wie hier ein Eintagsküken verfüttert werden.

Die meisten BARFer sind der Meinung, man könne Frettchen ausschließlich zum Beispiel mit teurem Schweineschnitzel oder Kalbslenden vom Metzger ernähren. Dies ist so nicht richtig. Das Problem bei der Sache ist Folgendes: Frettchen (oder Marder und Iltisse) fressen freilebend in der Natur Tiere, die sie finden können. Das heißt also nicht, dass sie die Tiere jagen, aufschneiden und nur das leckere, saftige Fleisch von den Knochen pulen, mit Messer und Gabel klein schneiden, sich eine Serviette um den Hals binden und am Tisch essen.

Nein, sie fressen kleine Tiere auf einmal und größere Tiere werden nach Hause geschleppt und in mehreren Etappen gefressen. Und zwar alles! Das heißt nicht nur mit Haut und Haaren, sondern auch mit Augen, Nase, Hirn, Krallen, Knochen, Mageninhalt und so weiter. Kurz gesagt: Die Mischung macht's! Die Natur macht es also vor und wir sollten es nur noch richtig nachmachen. Ganz einfach.

Das bedeutet also, dass wir die Frettchen, wenn wir sie ausschließlich BARFen, mit ganzen Tieren füttern sollten – egal, in welcher Form. Dazu eignen sich Mäuse, Ratten, Hamster, Wachteln, Hühner, Enten, Kaninchen, Meerschweinchen und viele mehr. Natürlich kann man ohne Probleme zwischendurch auch mal reines Rinderherz oder Ähnliches geben. Schwierig würde es nur werden, wenn man dauerhaft pures Muskelfleisch verfüttert. Auch wenn man es vielleicht nur gut meint und sein Tier nicht als „Resteverwerter“ nutzen möchte, sollte man bedenken, dass das Frettchen auf Dauer Mangelerscheinungen bekommen würde, wenn man es unentwegt mit purem Fleisch ernährt.

Die richtige Mischung

Diejenigen, die sich nicht zutrauen, ganze Tiere (mit allem Drum und Dran) zu verfüttern, sollten auf jeden Fall immer hochwertiges Frettchen-Trockenfutter zur freien Verfügung für ihre Tiere anbieten. Mit Trockenfutter als Hauptnahrungsmittel macht man es sich einfacher und es treten keine Mangelerscheinungen von Nährstoffen, Vitaminen, Mineralstoffen und Spurenelementen bei den Frettchen auf. Das pure Fleisch sollte dann nur als Zugabe gefüttert werden, sodass immer genügend Trockenfutter gefressen wird. Das Tolle daran ist, dass Trockenfutter im Sommer und im Winter problemlos zu verfüttern ist. Frischfleisch zieht dagegen im Sommer oft Fliegen an und verdirbt schnell, im Winter kann es bei Außenhaltung einfrieren. Das ist nicht nur ein unpraktischer oder optisch unschöner Effekt, sondern auch ein gesundheitlich bedenklicher.

Zum einen muss das Futter auch im Sommer immer frisch sein, um Krankheitserregern keine Chance zu geben, zum anderen ist das kalte Futter im Winter schädlich für den Verdauungstrakt (oft wird kaltes Futter auch gar nicht gefressen).

Frettchen haben eine sehr schnelle Verdauung, was bedeutet, dass das Futter alle drei Stunden frisch gegeben werden müsste, damit es im Winter nicht einfriert und die Frettchen nicht unterzuckern. Diese Problematik erspart man sich, wenn man nur so viel Fleisch gibt, dass es nach etwa 20 Minuten aufgefressen ist und der restliche Bedarf mit hochwertigem Trockenfutter gedeckt wird.

Wer keine ganzen Futtertiere und kein Fertigfutter geben möchte, macht es sich sehr schwer. Denn die Mengen an Eiweißen, Kohlenhydraten, Fetten, Vitaminen, Mineralstoffen und Spurenelementen für die Frettchenernährung müssen vollständig ausgewogen sein. Das bedeutet, dass das Fleisch täglich abgewogen werden muss und alle Bestandteile tabellengenau in winzig kleinen Einheiten zugefüttert oder untergemischt werden müssen. Da reicht dann auch die heißbegehrte Vitaminpaste nicht aus, um Mangelerscheinungen vorzubeugen.

Frettchen dürfen auch reines Muskelfleisch erhalten, sie sollten damit aber nicht ausschließlich gefüttert werden.

Für mich und meine Frettchen ist die gesunde Mischlösung das Beste. Meine Tiere haben also ständig Trockenfutter und Wasser zur freien Verfügung. Morgens bekommen sie Eintagsküken und abends dann noch etwas Frischfleisch (am liebsten wird Herz gefressen) plus Vitamine und Mineralstoffe oder auch hochwertiges Nassfutter mit einem hundertprozentigen Fleischanteil. Ich finde große Fleischstücke am besten, da so sehr viel gekaut und genagt werden muss, was die Raubtierzähnchen blitzblank und gesund hält. Von der Menge her bekommen sie nur so viel, dass es sofort gefressen wird. Zum Abrunden erhalten sie dann zwischendurch noch Leckerli wie Vitaminpaste, getrocknetes Hähnchenfleisch, Obst oder Gemüse.

Dosenfutter

Beim Nass- oder Dosenfutter verhält es sich ebenso wie mit allem in der Frettchenernährung: Fleisch ist das A und O. Das bedeutet nicht, nur Quantität zählt, sondern auch die Qualität des Fleisches.

Es gibt Dosenfutter, in dem ausschließlich pures, gesundes Muskelfleisch steckt. Das ist ein sehr gesundes Zusatzfutter für Frettchen. Hierbei ist aber zu beachten, dass es nicht als Alleinfuttermittel geeignet ist, denn es sind keine Mineralstoffe oder Vitamine zugesetzt. Es ist somit nicht dafür geeignet, Tiere auf Dauer komplett damit zu ernähren. Solche Zusatzfuttermittel dürfen nur einen Teil der Ernährung ausmachen. Wichtig ist auch hier, dass auf jeden Fall genügend Trockenfutter gegeben wird, welches alle wichtigen Bestandteile enthält.

Man kann aber auch Nassfutter kaufen, das als Alleinfuttermittel angeboten wird. Hier sind dann alle wichtigen Vitamine und Mineralstoffe zugesetzt und das Frettchen würde keine Mangelerscheinungen bekommen. Trotzdem empfiehlt es sich, stets Trockenfutter anzubieten, da ich es für die Zahnpflege und die Verdauung für sehr wichtig erachte.

Beim Dosenfutter gibt es eine Reihe von Produkten, die eigentlich für Katzen bestimmt sind, auf deren Dose aber auch anstelle der Katze ein Frettchen abgebildet sein könnte, da dieses Futter sehr hochwertig ist und die Zusammensetzung mit dem nahezu hundertprozentigen Fleischanteil (im Gegensatz zum Trockenfutter für Katzen) auch für Frettchen prima geeignet ist.

Obst und Gemüse

Obst und Gemüse verfüttere ich meinen Frettchen nur in kleinen Mengen. Schließlich sind sie Beutegreifer und Jäger, die nur den Mageninhalt der Beute fressen. Gut, ab und zu finden sie vielleicht auch leckere Beeren oder andere Früchte, die sie gern nehmen. Dennoch sollte man sich bei Obst und Gemüse nur auf einen kleinen Teil in der Ernährung seiner Frettchen beschränken.

Frettchen fressen gern Obst und Gemüse mit viel Wasseranteil wie zum Beispiel Salatgurke, Paprika, Tomate, Trauben, Wassermelone und vieles mehr. Generell ist Gemüse für Frettchen besser geeignet, da Obst oft zu viel Zucker oder Säure enthält. Also lieber keine oder sehr wenig Bananen oder Äpfel geben.

Kein Blinddarm!
Frettchen haben keinen Blinddarm und können somit keine Rohfasern verdauen und daher die Vitamine und Mineralstoffe aus diesen Leckereien nicht verwerten.

Nährstoffe und deren Bedeutung für Frettchen

Rohprotein

- Aufbau und Erhalt der Organe
- Hormonaustausch
- Krankheitsabwehr (Antikörper)
- Proteine, die sich für Frettchen eignen, sind hauptsächlich in Fleisch enthalten.

Rohfett

- Wichtigster Energielieferant
- Enthalten in tierischem und pflanzlichem Fett

Rohfaser

- Anregung der Darmfunktion
- Reinigung des Verdauungstrakts

Feuchtigkeit

- Verteilung von Nährstoffen
- Abtransport von Abfallstoffen
- Regulierung der Körpertemperatur
- Schmierung der Gelenke, des Auges, des Innenohrs

Kohlenhydrate

- Energielieferant
- Reinigung des Verdauungstrakts
- Enthalten in allen Pflanzen

Vitamin A

- Erneuerung der Zellen
- Synthese bestimmter Hormone zur Fortpflanzung
- Stoffwechsel
- Sehvermögen und Anpassung an die Dunkelheit
- Als Retinol enthalten in Fleisch, Fisch, Eiern, Leber
- Als Betakarotin enthalten in Gemüse und Obst

Vitamin B12

- Proteinsynthese
- Schutz gegen den Alterungsprozess
- Bildung von roten Blutkörperchen
- Enthalten in Fleisch, Fisch, Leber, Niere

Vitamin D3

- Erhöht das Absorbieren von Kalzium und Phosphor im Darm
- Speichert Kalzium in den Knochen optimal ein
- Weniger Ausscheiden von Phosphor
- Enthalten in Fischöl, fetten Fischen (Thunfisch, Sardinen), Eigelb

Vitamin E

- Schutz der Zellmembranen
- Abwehr von Stress
- Stärkung des Immunsystems
- Enthalten in pflanzlichen Nahrungsmitteln wie Öle, Ölsaaten und Getreidekeime und in tierischen Nahrungsmitteln wie Leber und Eier

Taurin

- Ermöglicht Bildung von Gallensalzen durch die Leber
- Kalziumaustausch
- Unterstützung der Herzfunktionen
- Enthalten in tierischem Gewebe

Kupfer

- Erleichtert Aufnahme und Einbindung von Eisen
- Enthalten in Fleisch, Knochen und einigen Mineralsalzen

Omega-6-Fettsäuren

- Gesunde Haut
- Gesundes Fell
- Fortpflanzung
- Enthalten hauptsächlich in Pflanzen und deren Ölen

Omega-3-Fettsäuren

- Entzündungshemmend
- Bessere Sauerstoffversorgung
- Bessere Trainingsleistung
- Enthalten hauptsächlich in Meerestieren und Sojaöl

Die häufigsten Frettchen-Krankheiten

Auch wenn man alles für die Gesundheit seiner Lieblinge tut, lässt es sich leider nicht immer vermeiden, dass die eigenen Frettchen auch mal krank werden. So gibt es Krankheiten, die sowohl durch Artgenossen, aber auch durch Katzen, Hunden und sogar Menschen auf die eigenen Frettchen übertragen werden können. So hat man zum Beispiel bei einer Erkältung seine Frettchen schnell einmal angesteckt.

Sinnvoll ist es, den Kontakt mit kranken Tieren zu vermeiden, bis diese wieder gesund sind. Hat es einen selbst einmal erwischt, ist es nicht immer möglich, dass sich jemand anders kurzzeitig um die Frettchen kümmert, um sie so vor den Bakterien und Viren zu schützen. Außerdem möchte man seine Lieblinge auch nicht missen.

Um das Ansteckungsrisiko so gering wie möglich zu halten, sollte man sich vor dem Kontakt mit seinen Frettchen die Hände gründlich waschen und desinfizieren. Außerdem ist es sinnvoll, in dieser Krankheitsphase seinen Frettchen nicht unbedingt Küsschen zu geben oder eng mit ihnen zu kuscheln oder Ähnliches.

Normalwerte beim Frettchen

- **Atmung: 30 bis 40 Atemzüge pro Minute**
- **Körpertemperatur: 38 bis 39 °C**
- **Puls: 180 bis 250 Schläge pro Minute**

!

Oh, Schreck!

Oft erschreckt sich ein Frettchenneuling über Sachen, die Frettchen tun oder eben einfach nicht tun. Hier sind einige Beispiele für harmlose Sachen, die man immer mal wieder bei Frettchen beobachtet.

- **Zittern:** ist normal nach dem Aufwachen, um die Körpertemperatur heraufzufahren.
- **Niesen:** passiert oft nach „Maulwurf spielen" in der Toilette und nachdem sie unter einem staubigen Schrank hervorkriechen.
- **Husten:** kann mal vorkommen, wenn das Frettchen zu hastig gefressen und sich verschluckt hat.
- **Schluckauf.**
- **Koma-Schlaf:** Es kann passieren, dass ein Frettchen wie tot im Käfig liegt oder sogar nach dem Herausnehmen nicht aufwachen will. In der Tiefschlafphase reagieren viele Frettchen absolut auf gar nichts. Dies kann einige Minuten andauern.
- **Blauer Bauch:** Manche Frettchen haben im Fellwechsel einen „blauen" Bauch. Dies sieht man, wenn die Frettchen sehr schnell ihr Fell verloren haben und die wachsenden Haare unter der Haut durchschimmern.

Dauerranz

Der Kontakt mit kranken Tieren sollte vermieden werden.

Die Dauerranz ist eine Art Erkrankung, die nur bei Fähen vorkommt (siehe auch Kapitel „Kastration“).

Beim Frettchen wird der Eisprung beim tatsächlichen Deckakt ausgelöst und erfolgt nicht automatisch innerhalb des Zyklus, so wie es zum Beispiel bei weiblichen Hunden, Meerschweinchen und vielen anderen Tieren der Fall ist. Werden diese Tiere nicht gedeckt, läuft der Zyklus dennoch weiter, sodass sie irgendwann nicht mehr läufig oder paarungsbereit sind, der Hormonhaushalt wieder ins Gleichgewicht kommt und die Tiere auch dadurch nicht erkranken.

Eine Frettchenfähe bleibt dagegen wochenlang oder sogar monatelang in Paarungsbereitschaft. Der Hormonhaushalt arbeitet dann auf Hochtouren und der Stoffwechsel kommt durcheinander. Die Dauerranz kommt leider bei Frettchen relativ häufig vor. Man sagt, ungefähr jede dritte Fähe ist davon betroffen.

Eine Dauerranz ist lebensgefährlich! Ebenso ist das Narkoserisiko erhöht.

Anzeichen

- Gewichtsverlust
- Fell geht aus
- Blasse Schleimhäute
- Sickerblutungen in Schleimhäuten und inneren Organen führen zu Anämie.

Behandlung

Das Frettchen benötigt starke Medikamente.

Vorbeugung

Frettchen sollten rechtzeitig kastriert werden! Am besten erfolgt das vor der Ranz, aber spätestens in der ersten Woche der Ranz, sonst ist die Gebärmutter zu stark durchblutet. Wesentlich besser ist es daher, wenn die Fähe schon vorher kastriert wird!

Bauchspeicheldrüsentumor (Insulinom)

Diese Erkrankung ist schleichend und zeigt keine schwerwiegenden Symptome. Bei einem Insulinom wird in der Bauchspeicheldrüse zu viel Insulin produziert. (Bei Diabetes verhält es sich umgekehrt; kommt bei Frettchen aber selten vor.) Der Blutzuckerspiegel ist im Ungleichgewicht.

Im schlimmsten Fall verläuft die Erkrankung komatös oder endet tödlich. Tiere ab einem Alter von vier Jahren haben ein erhöhtes Risiko.

Eine Operation ist keine Erfolgsgarantie und hat eventuell den Tod zur Folge. Die Tiere können nicht geheilt werden.

Symptome

- Mehr Zittern beim Aufwachen (kein normales Zittern, um den Kreislauf in Schwung zu bringen, wie Frettchen es sonst tun)
- Gewichtsverlust
- Mehr Schlaf/Trägheit
- Koordinationsprobleme der Hinterbeine (Wegkippen)

Blutzuckerwert-Schnelltest

- Gesund: 50 bis 120 mg/dl
- Krank: 35 mg/dl und weniger plus Symptome
- Mittelwert: Bei 40 bis 50 mg/dl sollte der Test an einem anderen Tag wiederholt werden.

Wichtig ist, dass der Blutzuckerwert konstant gehalten wird. Dies erfolgt am besten durch das richtige Frettchenfutter und eine energiereiche Zusatznahrung (zum Beispiel Convalesence Support). Eventuell ist eine Langzeittherapie mit Cortison angezeigt.

> **!** **Notfall!**
> Instabiles Frettchen – Koma aufgrund des Insulinoms
> In diesem Fall muss löslicher Traubenzucker gegeben werden (zum Beispiel Jubin) plus Glukose-Lösung (5%ig subcutan)
> Hier zählt jede Minute!
> Danach sind die nächsten 48 Stunden noch kritisch.
> Als Vorbeugung gilt: Kein Zucker in der Frettchen-Nahrung!

Lymphdrüsenkrebs (Lymphom/Leukose)

Symptome

- Schlapp/müde
- Lymphknoten geschwollen in Hals, Oberarmbeugen, Hinterbeinbeugen, Kniekehlen; anfangs tastbar, nicht sichtbar
- Milz vergrößert, drückt eventuell innerlich auf Atmungsorgane

Betroffen sind meist ältere Tiere, es gibt aber auch Jungtierleukose. Der Tod tritt dann innerhalb von zwei bis drei Wochen ein.

Heilungschance

Der Leukose-Impfstoff für Katzen wird zwei- bis dreimal im Abstand von je 14 Tage injiziert. Bei 50 Prozent der Frettchen klingen die Symptome dadurch ab und die Tiere können vollständig geheilt werden!

Danach sollte man einmal jährlich nachimpfen, aber nicht zeitgleich mit anderen Impfungen.

Nicht bei allen Frettchen klingen die Symptome ab, hier verbessert die regelmäßige Cortisongabe die Lebensqualität des Patienten.

Nierenversagen (Niereninsuffizienz)

Nierenversagen ist die häufigste krankheitsbedingte Todesursache. Diese Krankheit hat einen schleichenden Verlauf und ist nicht heilbar.

Die Nieren reinigen das Blut und die Abfallprodukte des Stoffwechsels werden über den Urin ausgeschieden. Die erkrankten Nieren arbeiten dagegen nur eingeschränkt, was schließlich im Endstadium zu totalem Nierenversagen führt.

Symptome

- Appetitlosigkeit
- Vermehrtes Trinken und erhöhter Urinabsatz
- Stumpfes Fell
- Gewichtsverlust
- Vergrößerte Nieren (tastbar)
- Urinöser Mundgeruch im fortgeschrittenen Stadium

Bei Verdacht muss ein Bluttest erfolgen.

Behandlung

- Gabe von einem Phosphat bindenden Medikament wie zum Beispiel Ipaktine
- Homöopathisches Mittel zur Verbesserung des Kreatinwertes

Spätestens bei schmerzhaften Krampfanfällen muss das Tier erlöst werden.

Vorbeugen

- Hochwertiges Futter
- Wenig Salz im Trockenfutter

Nebennierentumor/Nebennierenfehlfunktion

Die Nebennieren produzieren verschiedene Hormone, wie zum Beispiel Adrenalin, zur Regulierung des Stoffwechsels.

Es gibt zwei Theorien dazu, wie es zu dieser Krankheit kommen kann, die allerdings bisher noch nicht belegt worden sind:

- Das Tier wurde zu früh kastriert (bereits mit acht bis zwölf Wochen zu kastrieren ist deutlich zu früh!).
- Das Tier wurde zu viel Licht ausgesetzt. Nebennieren und Hypophyse (Hirnanhangdrüse) produzieren dann zu viele Sexualhormone.

Symptome

- Haarausfall an Schwanz, Rücken, Kopf
- Appetitlosigkeit, Lethargie
- Schuppige Haut; das Tier kratzt sich viel
- Ranzverhalten bei kastrierten Tieren: eine geschwollene Vulva bei der Fähe, Paarungsverhalten beim Rüden
- Milz vergrößert
- Anämie (Blutarmut)
- Ab einem Alter von etwa vier Jahren eventuelle Störung der Nebennierenfunktion

Auch wenn Frettchen artgerecht gehalten werden, sind sie nicht unbedingt vor allen Krankheiten gefeit.

Auch wenn nur eins dieser Symptome auftritt, sollte dringend ein Tierarzt aufgesucht werden. Dort wird ein Bluttest zur Hormonbestimmung durchgeführt.

Behandlung

Eine Operation ist schwierig bei rechtsseitigem Tumor, da die Drüse dann nah an der Vena Cava (dem größten Blutgefäß) liegt. Bei älteren Frettchen besteht generell ein erhöhtes Narkoserisiko.

Durch ein Hormonimplantat werden die Hormone etwa ein bis eineinhalb Jahre im Gleichgewicht gehalten.

Herzerkrankungen beim Frettchen

Herzerkrankungen treten beim Frettchen im Alter von drei bis vier Jahren regelmäßig auf, insbesondere die sogenannte Kongestive Kardiomyopathie. Dabei handelt es sich um eine Erkrankung des Herzmuskels, die zu einer verminderten Pumpwirkung des Herzens führt.

Symptome

- Husten
- Wegkippen mit der Hinterhand
- Apathie
- Teilweise verminderter Appetit und Abmagerung
- Teilweise blasse Schleimhäute
- Zunehmend erschwertes Atmen und erhöhte Atemfrequenz infolge von Flüssigkeitsansammlungen in der Lunge (Lungenödem)

Untersuchungsmethoden

- Auskultation (Abhören) des Herzens und der Lunge durch den Tierarzt
- Thoraxröntgen; das Herz ist in der Regel vergrößert und es ist ein Lungenödem nachweisbar.
- Palpation (Abtasten) des Abdomens durch den Tierarzt; Leber und Milz können durch Stauung vergrößert sein.
- Herzultraschall

Behandlung

Die Herzschädigung ist irreversibel; deswegen müssen Herzmedikamente lebenslang verabreicht werden. Zum Einsatz kommen verschiedene Präparate wie Digoxin, ACE-Hemmer oder Pimobendan, die oft in Kombination mit Medikamenten zur Entwässerung, zum Beispiel Furosemid, verabreicht werden.

Parasitenbefall

Wenn wir mit unseren Frettchen nach draußen gehen oder sie sogar draußen gehalten werden, kann es vorkommen, dass sie sich Parasiten einfangen.

Frettchen wühlen zum Beispiel beim Gassigehen in einem Laubhaufen, wobei ihnen ein Floh auf den Kopf hüpft. Oder sie streifen durchs Gras, wodurch eine Zecke am Fell hängen bleibt. Leider kann man auch über die eigene Kleidung, Hände oder andere Haustiere Parasiten in die Wohnung und zu den eigenen Frettchen einschleppen. Es lässt sich nicht immer vermeiden, aber man kann entsprechende Vorsichtsmaßnahmen treffen und einen möglichen Befall auch behandeln.

Ohrmilben

Symptome

- Starkes Kratzen, vor allem am Kopf und den Ohren
- Schmutzige Ohren; brauner, bröckeliger Belag
- Schütteln des Kopfes

Behandlung

- Medikamentengabe (zum Beisiel Stronghold 5 mg)
- Desinfektion des Geheges
- Waschen der Stoffe und Kuschelsachen bei 90 °C

Flöhe

Symptome

- Kratzen und Scheuern der Haut

Behandlung

- Medikamentengabe am Tier, an den Schlafplätzen und an den Orten, wo sich die Frettchen viel aufhalten
- Waschen der Stoffe und Kuschelsachen bei 90 °C

Vorsicht!

Bei Flohbefall reicht eine einmalige Gabe des Präparates oft nicht aus, sondern muss rhythmisch wiederholt werden, um alle Eier und Larven mit abtöten zu können.

Zecken

Zecken sind meistens beim Streicheln und Abtasten des Frettchens schnell zu spüren. Manche Frettchen kratzen sich auch, sodass die Stelle um die Zecke herum dann gerötet ist.

Akute Behandlung

- Herausdrehen der Zecke inklusive Kopf mithilfe einer speziellen Zeckenzange
- Beobachten der Bissstelle

Vorbeugende Behandlung

- Präparate gegen Flöhe und Zecken halten die meisten Zecken vom Frettchen fern. Sie werden in flüssiger Form auf die Haut aufgetragen.

Frettchen verantwortungsvoll züchten

Viele Frettchenbesitzer haben irgendwann den Wunsch, von ihrem „einzigartigen, tollen, hübschen, allerbesten Liebling“ Nachwuchs zu bekommen. Vielleicht auch nur ein einziges Mal, da diese so tollen Gene doch nicht verloren gehen sollen und man ja auch dann später kein Tier „nachkaufen“ muss, sondern eins geschenkt bekommen hat. Es wäre sehr schön, wenn es denn so einfach wäre.

Natürlich sollte man sich genauestens Gedanken darüber machen, ob man dem Nachwuchs und den werdenden Eltern überhaupt gerecht werden kann. Generell ist zu beachten, dass man in eine Frettchenzucht wesentlich mehr Zeit, Geduld, Arbeit und Geld investieren muss, als wenn ein Meerschweinchen oder ein Hamster Junge bekommt. Ja, selbst Hundezüchter haben mehrfach geklagt, dass sie die Frettchenzucht unterschätzt hätten.

Wer einmal ein Frettchen selbst großgezogen hat, möchte häufig selbst einmal einen Wurf haben.

Voraussetzungen

Aber fangen wir doch einmal ganz von vorn an. Wenn man Frettchen halten und züchten möchte, egal, ob regelmäßig oder ob man nur einmal einen Wurf haben möchte, sollte man prüfen, ob man die Voraussetzungen als verantwortungsvoller Frettchenzüchter erfüllen kann.

Es gibt sehr viele Frettchen und oft sind nur schwer Plätze für Welpen zu finden. Nicht selten muss man dann Frettchenwelpen aus einem Wurf selbst behalten. Dabei sollte man bedenken, dass Frettchen zum Teil sehr große Würfe haben können.

Im Durchschnitt kann eine Jungfähe, die zum ersten Mal Mutter wird, etwa vier bis sieben Welpen bekommen. Eine erfahrene Mutterfähe oder eine Fähe mit entsprechenden Genen kann auch mehr als zehn und bis zu 18 Welpen bekommen. Natürlich spielen auch der Rüde, der Gesundheitszustand der Fähe und nicht zuletzt der Zufall eine große Rolle dafür, wie viele Babys entstehen.

Die richtige Zuchtauswahl

Natürlich muss man sich auch die Verpaarung seiner Frettchen genauestens überlegen, schließlich darf auf keinen Fall Inzucht betrieben werden. Inzuchtfrettchen haben oft ungleichmäßige Gliedmaßen, sterben sehr jung an Krebs oder man muss sie viel zu früh einschläfern lassen. Deshalb sollte man niemals mit Frettchen aus dem Tierheim oder Tierhandlungen züchten oder mit Frettchen, die irgendwo in Not abzugeben sind, weil man dann nie weiß, welche Krankheiten die Frettchen oder ihre Vorfahren haben.

Es sollte einem wichtig sein, gesunde Tiere mit einer guten und gesunden Abstammung aus einer seriösen Frettchenzucht zu kaufen. Dabei muss man bereit sein, mehr Geld zu investieren, um gesunde und charakterstarke Welpen von tollen Elterntieren zu bekommen. Hierbei sollten nicht nur die Welpen angeschaut werden, die man sich zur Zucht aussucht, sondern auch die Elterntiere (eventuell sogar Oma, Opa, Onkel, Tante und so weiter) sowie die Wurfgeschwister.

Obwohl man die Tiere in erster Linie nach dem Gesundheitszustand und nicht nach der Farbe auswählen sollte, muss natürlich darauf geachtet werden, dass keine Frettchen mit ähnlichen Gendefekten miteinander verpaart werden. Dies finde ich zum Beispiel sehr wichtig bei Frettchen in dem Farbschlag Badger/Dachs sowie Pinto Panda, Dark Eyed White und Blue Eyed White, da sie zur Taubheit neigen. Auch bei den Farben Blackself und Blacksolid sollte man darauf achten, da sie in einigen anderen Frettchenzuchten über längere Zeit sehr stark verinzuchtet wurden und dadurch für Hodenhochstand und Zahnfehlstellungen bekannt sind.

Generell rate ich dazu, nicht nur die Stammbäume der zu verpaarenden Tiere genauestens zu überprüfen, sondern auch möglichst verschiedene Farbschläge zu verpaaren. Ein simples Beispiel wäre dann etwa, eine Badger/Dachs-Fähe mit einem Rüden, der kein Taubheitsgen besitzt, zu verpaaren, um so die Taubheitsgene (die eine Badger/Dachs-Fähe eventuell trägt, aber selbst nicht zeigt, da sie nicht taub ist) nicht durch einen weiteren Badger/Dachs zu verdoppeln, wodurch die Wahrscheinlichkeit für eine Taubheit bei den Welpen stark erhöht wäre.

Viel besser ist es also, eine Badger/Dachs-Fähe beispielsweise mit einem Rüden eines anderen Farbschlags, der kein Taubheitsgen besitzt, wie einem Siam-Rüden zu paaren. Diese Verpaarung bringt ziemlich sicher nicht so viele Badger/Dachs-Welpen hervor und die Welpen sind in dem Farbstandard oft nicht so perfekt, dafür sind sie aber gesund und die Wahrscheinlichkeit für taube Frettchen ist viel geringer oder ist sogar gleich null.

Zuchtfrettchen sollten nicht nur gesund sein, sondern auch einen tollen, liebenswerten und ausgeglichenen Charakter haben und handzahm sein. Bissige Tiere sollte man natürlich keinesfalls mit in die Zucht nehmen.

Außerdem müssen sie natürlich bei guter Kondition sein, was bedeutet, dass die Frettchen aus einer verantwortungsvollen und gesunden Aufzucht kommen, dass sie nicht zu fett oder zu mager sind und außerdem gesunde, kräftige Muskeln haben. Das ist besonders für die werdende Mutter wichtig, damit die Geburt reibungslos ablaufen kann und die Welpen bestens aufgezogen werden können. Die Zuchttiere sollten allerspätestens mit vier Jahren kastriert werden, um eine Überbelastung zu vermeiden.

Jede Fähe sollte höchstens einmal im Jahr einen Wurf bekommen.

Für die Zucht ist die Wahl der richtigen Paarungspartner besonders wichtig.

Zusätzlich achte ich in meiner Zucht darauf, dass ich nicht mit „Zwergen“ oder „Riesen“ züchte. Das heißt, wenn ein Tier sich nicht nach meinen Vorstellungen entwickelt hat, wird es vor der ersten Ranz kastriert und fällt aus der Zucht.

Meine Fähen haben ein Gewicht zwischen 750 und 900 g, die Rüden zwischen 1300 und 1900 g. Alle Tiere, die schwerer oder leichter sind, passen nicht in meine Fellnasen-Zucht. Natürlich wird auch auf die Proportionen und alle weiteren wichtigen Details geachtet. Es kommen auch keine Tiere in meine Zuchtlinie, die besonders stark nach Wildtier oder während der Ranz extrem intensiv riechen. So kann man über viele Linien und Generationen fast ausschließen, dass man richtige „Stinker“ bekommt – vorausgesetzt natürlich, Pflege und Ernährung stimmen.

Ranz und Deckakt

Frettchen sind ungefähr mit sechs Monaten geschlechtsreif, das heißt, sie kommen in diesem Alter in die Ranz. In den meisten Fällen beginnt die Ranz vor dem ersten Frühjahr (ab Februar), bei Wohnungshaltung aber eventuell auch schon etwas eher. Es ist oft unabhängig davon, wann die Welpen im Jahr geboren wurden.

Bei Rüden bemerkt man die Ranz daran, dass das Interesse an den Fähen stärker wird und dass die Hoden, aufgrund von vermehrter Produktion von Testosteron, anfangen zu wachsen. Das Interesse am weiblichen Geschlecht tritt im Normalfall zwischen Dezember und Juli auf. Es stimmt auch, dass Rüden in der Ranz stärker riechen als sonst und ihr Revier markieren. Die restliche Zeit des Jahres sind auch unkastrierte Rüden ganz normale Frettchen.

Der Beginn der Ranz bei der Fähe ist mit den länger werdenden Tagen verbunden. In der Ranz ist die Vulva deutlich geschwollen, die Fähe ist nervöser, ihren Artgenossen gegenüber zickiger; sie schläft und frisst weniger.

Bevor meine Frettchen in die Ranz kommen, werden die Rüden von den Fähen getrennt, um ungewollte Schwangerschaften zu vermeiden. Um den genauen Wurftermin zu berechnen, setzte ich die Fähe, die gedeckt werden soll, zu dem entsprechenden Rüden und beobachte die beiden. Jungrüden sind manchmal etwas unbeholfen und sehr sanfte Rüden kommen mit dominanten Fähen nicht zurecht. Sollte dies der Fall sein, muss die Verpaarung überdacht und neu geordnet werden.

Wenn aber alles klappt, dann ist nach einer bis drei Stunden der Deckakt vollzogen und die beiden rollen sich ein und schlafen. Ich bin dann immer bei den Tieren, um die Fähe nach dem Aufwachen aus dem Gehege zu nehmen, damit der Rüde sie nicht noch einmal besteigt. Wer einmal Frettchen bei der Paarung beobachten konnte, der weiß, dass die Fähe froh ist, aus der Reichweite des Rüden zu kommen. Trennen darf man Frettchen während eines Deckaktes jedoch nie, da der Rüde die Fähe mit dem Penis und dessen Widerhaken bei gewaltsamer Trennung verletzten würde.

Trächtigkeit

Ab der zweiten Schwangerschaftswoche kann man im Bauch der Fähe die Babys fühlen. Etwa zehn Tage bis zwei Wochen vor dem Geburtstermin wird die Fähe separiert, damit sie sich in aller Ruhe auf die bevorstehende Geburt vorbereiten kann. Sehr wichtig ist dabei auch, dass man die Fähe einzeln ernähren kann und genau sieht, wann sie wie viel frisst. Gerade während der Tragzeit (und auch später in der Säugezeit) muss besonders auf hochwertiges Futter geachtet werden. Werdende Mütter müssen auf jeden Fall wesentlich mehr Proteine und Fett bekommen, um die Welpen im Bauch ordentlich zu ernähren.

Die Nahrung eines schwangeren Frettchens sollte mindestens 42 Prozent Eiweiß und 20 Prozent Fett enthalten. Meine Fähen bekommen deshalb neben dem Frettchen-Trockenfutter ständig Eintagsküken, Frischfleisch, Aufzuchtsmilch, zugesetzte Mineralstoffe und Vitamine und natürlich besonders viel Liebe und Zuneigung. Zwischendurch werden sie auch mit gesunden Leckerli verwöhnt, die eine hochtragende Frettchenfähe sehr gern annimmt.

Die Wurfbox sollte groß genug sein, damit die Fähe ihre Welpen gemütlich zur Welt bringen kann, aber nicht so groß, dass sie die Möglichkeit hat, die Babys in verschiedene Ecken zu tragen oder zu „vergessen". Ideal finde ich für meine Frettchen eine Box mit den Maßen 40 x 40 x 40 cm. Das Einstiegsloch muss so groß sein, dass die Fähe mit ihrem dicken Bauch problemlos hinein- und hinauskommt, schließlich sollen es auch die Welpen bequem haben und nicht gequetscht werden. Je nach Fähe braucht die Box also eine Öffnung von etwa 12 bis 15 cm im Durchmesser.

Die Box muss dann gut ausgepolstert werden, damit die Welpen und die Mutter es gemütlich und weich haben. Mindestens drei Tage vor dem Geburtstermin sollte nichts mehr an der Wurfbox verändert werden, damit die Mutter ihre Ruhe hat und das Nest so ist, wie sie es sich vorbereitet hat. Ab dem Abend vor dem errechneten Ge-

In der Wurfbox sollen es die Welpen bequem haben.

burtstermin bekommen die Fähen von mir etwas mehr Obst und Gemüse (zum Beispiel Gurken- oder Apfelstückchen), damit sie genug Flüssigkeit zu sich nehmen, um die Geburt schnell vonstatten gehen zu lassen sowie genug Muttermilch zu produzieren.

Wenn die Fähe anfängt Milch zu produzieren, sollte der Fettgehalt im Futter auf 30 Prozent erhöht werden. Zusätzlich bekommt die stillende Fähe einen Nährstoff-Mix über das Futter. Geht alles gut, bekommt die Fähe nach ziemlich genau 42 Tagen ihre Welpen.

Liegt die tragende Fähe schon den dritten Tag über dem errechneten Geburtstermin, muss man den Tierarzt aufsuchen und notfalls einen Kaiserschnitt vornehmen lassen!

Die Geburt

Die Geburt verläuft in der Regel problemlos und relativ unauffällig. Viele Fähen bekommen ihre Welpen in der Nacht. Morgens, wenn man sie begrüßt, hört man dann ein munteres Nestgezwitscher der Jungen. Die Geburt dauert in der Regel etwa zwei bis drei Stunden.

Natürlich kann aber bei der Geburt auch etwas schief gehen. Es muss also damit gerechnet werden, dass die Mutter ihre Welpen nicht selbst bekommen kann und ein Kaiserschnitt gemacht werden muss. Es kann auch passieren, dass Welpen sterben, tot geboren werden oder dass die Mutter sich vor Stress nicht um die Welpen kümmert oder sie sogar auffrisst.

Nach einem Kaiserschnitt nehmen die meisten Fähen ihre Welpen nicht an, was den Tod der Welpen zur Folge hat, wenn man keine Ersatzmutter hat.

Auch die Fähe könnte bei einer Geburt sterben. Außerdem kann es nach der Geburt noch zu Komplikationen kommen. Ist die Fähe nach der Geburt fit, sollte man die erste Zeit nichts an der Wurfbox verändern. Am besten lässt man die Finger von der Box und schaut nicht einmal rein.

Meine Mamis werden nach der Geburt zuerst mit gesundem Futter und Leckereien verwöhnt, um ihnen den Stress zu nehmen und zu zeigen, dass alles in Ordnung ist. Jedoch nehme ich die Fähe hierzu nicht heraus, sondern biete ihr die Sachen im Gehege an, damit sie frei wählen kann, was sie tun möchte und wann sie nach ihren Welpen schauen mag. Hatte man schon vor der Tragzeit und Geburt ein gutes Verhältnis zu der Frettchenmutter, wird es auch jetzt, mit den Babys, keine Probleme geben.

Manche Mütter sind allerdings noch sehr nervös und da kann es schon mal vorkommen, dass ihr Mutterinstinkt einsetzt und sie eine Zeit lang etwas bissig sind und ihre Welpen verteidigen wollen. Da ich mich aber sehr intensiv mit meinen Frettchen beschäftige und ich sie sehr gut kenne, habe ich hier keine Schwierigkeiten.

Am nächsten Tag sollte man die Wurfbox dann kontrollieren und sauber machen, so gut es geht. Das heißt, nasse Stellen von Blut und Wasser reinigen und eventuelle Totgeburten oder verstorbene Babys herausnehmen. Im gleichen Zuge kann man dann die Welpen zählen, sie wiegen und deren Gewicht und Geschlecht vermerken.

Die komplette Box reinige ich erst etwa zwei bis drei Tage nach der Geburt, damit die Welpen sich besser an den Geruch ihrer Mutter gewöhnen können und die Mutter nicht in Stress gerät, da ihr Nest nicht mehr so ist, wie sie es verlassen hat.

Welpenentwicklung

Wenn alles ordnungsgemäß verläuft, sollten die Welpen täglich zunehmen und wachsen. Aus diesem Grund ist es wichtig, die Kleinen ständig zu wiegen, um alles im Auge behalten zu können, denn bei solch Leichtgewichten (das Geburtsgewicht beträgt 6 bis 12 g) ist es nicht einfach, nach Augenmaß abzuschätzen und sagen zu können, ob das Tier abgenommen hat oder nicht. Nehmen die Welpen nicht an Gewicht zu, müssen sie täglich mehrmals mit Aufzuchtsmilch zugefüttert werden, um die Mutter zu unterstützen.

Die Welpen sollten in der ersten Lebenswoche täglich etwa 1 bis 3 g zunehmen, in der zweiten Woche etwa 4 g pro Tag und in der dritten Woche ungefähr 7 g pro Tag. Während dieser gesamten Zeit können die Welpen komplett von der Mutter versorgt werden. Wenn alles gut verläuft, kann die Mutter die Welpen selbst ernähren und wird sie auch ständig putzen und ihre Hinterlassenschaften entfernen.

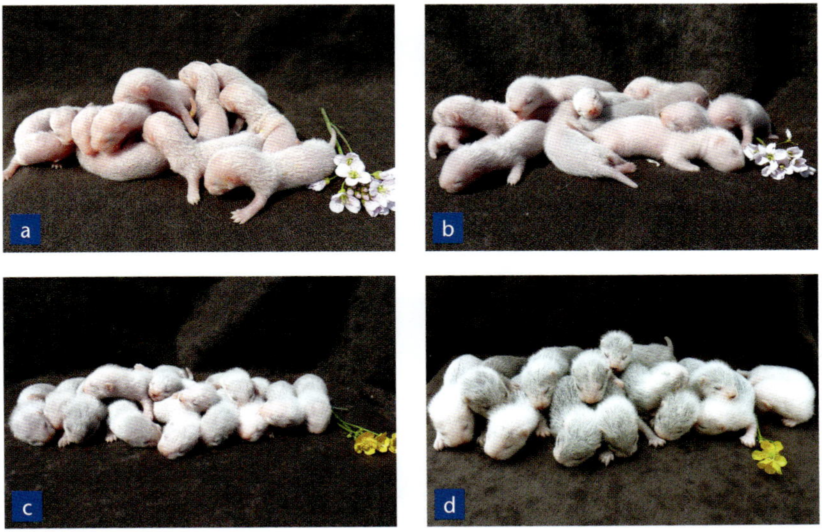

Ein Wurf im Alter von zwei (a), sechs (b), 14 (c) und 20 (d) Tagen.

Hier können die Welpen untergebracht werden und spielen, solange das Gehege gesäubert wird.

Ab der dritten Woche werden die Welpen zusätzlich zur Muttermilch mit entsprechender Nahrung gefüttert und kommen selbstständig aus ihrem Nest, um zu fressen und sich zu lösen. Ab diesem Zeitpunkt müssen die Welpen ständig zugefüttert werden und das Gehege muss mehrmals täglich (auch spätabends und frühmorgens) gesäubert werden, damit sich keine Krankheitskeime einnisten können und die Welpen immer sauber und trocken sind.

!

In unserer Fellnasen-Zucht bekommen die Welpen folgendes Futter: Püriertes Frischfleisch wie Rind, Pute oder Kaninchen zugesetzt mit Mineralstoffen, Vitaminen und Taurin. Separat erhalten die Welpen und ihre Mama immer ein Schälchen mit Aufzuchtsmilch zur Stärkung. Ab der sechsten Lebenswoche bekommen unsere Welpen zusätzlich zu dem Futterbrei noch Eintagsküken, Wachteln, Ratten, Hamster und Mäuse, welche sie ab diesem Alter schon gut fressen können.

Wenn die Welpen nach dem Fressen den Heimweg ins Nest nicht finden, schreien sie so lange, bis Mama sie abholt und ins Nest trägt. Ab der vierten Woche färbt sich das Fell der Welpen etwas um oder prägt sich stärker aus und es öffnen sich langsam Augen und Ohren.

Bei diesen Welpen im Alter von 32 Tagen sieht man, dass sich die Augen langsam öffnen.

Mit der fünften Woche sollten Augen und Ohren dann vollständig geöffnet sein. Von jetzt an sind die Frettchen besonders süß und werden ganz plötzlich sehr mobil, sind ständig am balgen und wollen intensiv ihre Umgebung kennenlernen. Da sie aber einige Wochen brauchen, um Höhen und Entfernungen richtig einschätzen zu können, muss man sehr gezielt darauf achten, dass sie nirgends herunterfallen oder herunterspringen. Oft passiert es, dass man von einem waghalsigen Frettchenwelpen aus 40 cm Entfernung angesprungen wird, er aber nicht einmal die Hälfte bewältigt, sodass man ihn beim Fallen auffangen muss.

Die Welpen wollen täglich Neues lernen, deshalb ist es auch sehr wichtig, ihnen diese Möglichkeit zu geben und sie entsprechend zu beschäftigen. Überfordern darf man die Kleinen aber keinesfalls, da man sonst unter Umständen auch schreckhafte oder schüchterne Frettchen heranzieht.

Ab der sechsten Woche bekommen die Welpen ihre bleibenden vier Reißzähne. Sie sind in diesem Alter sehr aktiv, testen Grenzen aus und müssen erzogen werden. Zum einen müssen sie lernen, dass nicht in alles gebissen werden darf, was nicht nach Frettchen riecht, und der zweite wichtige Schritt ist das erfolgreiche Besuchen des Frettchenklos.

Mit der sechsten Woche werden meine Babys, wenn nötig, das erste Mal entwurmt. Außerdem werden sie gechippt, damit die Frettchen eindeutig identifiziert werden können. Sobald sie gechippt sind, werden meine Welpen auch in den verschiedenen Gruppen vergesellschaftet und

Im Alter von 45 Tagen sind die Kleinen schon sehr aktiv.

bekommen so neue Pflegemamas, andere Geschwister und lernen kastrierte Opas, Omas, Onkel und Tanten kennen.

Welpen, die schon so früh gelernt haben, mit allen und jedem klarzukommen, haben das beste Sozialverhalten, was spätere Vergesellschaftungen viel einfacher macht.

Ab der achten Woche reicht es dann schon beinahe aus, die Welpen mit Trockenfutter zu ernähren, da ihre Zähnchen nun so weit entwickelt sind, dass alles problemlos zerkaut werden kann. Trotzdem bekommen meine Welpen noch Frischfleisch, Eintagsküken und Nassfutter als Ergänzung bis zu dreimal täglich.

Bevor ich die Welpen abgebe, wurden sie dann noch zwei weitere Male entwurmt und – was auch sehr wichtig ist – gegen Staupe geimpft, sodass sie im neuen Zuhause erst mit der zwölften Woche nochmals zum Tierarzt müssen, um nachgeimpft zu werden. Die für Frettchen zugelassene Staupeimpfung „Febrivac Dist“ muss dann einmal jährlich aufgefrischt werden. Auf Würmer sollte viermal pro Jahr getestet und bei Bedarf entwurmt werden, wie schon zuvor beschrieben.

Die kleinen Welpen sollten schon beim Züchter so früh wie möglich vieles kennenlernen. Trotzdem wird nicht alles von Anfang an im neuen Zuhause genauso klappen wie bei Mama im Stall. Es regelt sich aber innerhalb von wenigen Tagen, vorausgesetzt, die neuen Besitzer werden im Vorfeld informiert, wie alles richtig gehandhabt wird, oder sie sind schon frettchenerfahren. Die Welpen müssen so im neuen Zuhause anfangs nicht alle Sachen neu lernen, sondern die Menschen müssen den Frettchen helfen, die Dinge nicht zu vergessen, die sie schon können.

Weitere Fähigkeiten, Spiele, Erkundungstouren und so weiter kommen dann automatisch in den weiteren Wochen, Monaten und Jahren des Frettchenlebens dazu. So bringen einem gesunde, muntere, neugierige Frettchen sehr lange unendlich viel Freude!

Eigene Erfahrungen

Während der vielen Jahre, die ich nun selbst Frettchen züchte, lag mein größter Wurf bei 16 Welpen. Dies war bei dieser Fähe nicht weiter verwunderlich. Bei ihrem ersten Wurf bekam sie damals zwölf Welpen, der zweite Wurf lag bei elf Welpen und ihr letzter Wurf war dann der riesige Wurf mit tatsächlich 16 Welpen.

Ich legte zwei Welpen einer anderen erfahrenen Fähe unter, die selbst einen Wurf hatte, welcher derzeit einen Tag älter war. Wenn ich Welpen aus einem Wurf einer anderen Mutterfähe unterschmuggle, nehme ich die Mutter erst einmal aus ihrem Gehege. Dann lege ich die fremden Welpen in ihren „Welpenhaufen" und lasse die Welpen ihre Gerüche eine Weile vermischen. Wenn sie sich so ein paar Minuten lang vermischt haben und die fremden Welpen den Geruch der eigenen angenommen haben, ist die Verwirrung meistens nicht so groß und die Adoption klappt prima.

Die Adoptivmutter hat also an ihrem Wurf geschnuppert und sofort angefangen, alle Welpen liebevoll zu putzen und zu säugen. Das ist natürlich der beste Fall. Schwierig wird es dagegen, wenn man nur eine Fähe hat, die Welpen bekommt, oder wenn eventuell andere Fähen, die man hat, zu einem anderen Zeitpunkt gedeckt wurden und geworfen haben oder die ausgesuchte Pflegemutter die fremden Welpen nicht annimmt und nicht akzeptiert.

Die 14 Welpen, die ich bei der leiblichen Mutter lies, habe ich vom ersten Tag an alle zwei Stunden mit Ersatzmilch zugefüttert, um die Mutter zu entlasten und damit alle Babys genug Milch bekommen. Und tatsächlich nahmen die Kleinen schon ab den ersten Tagen gut zu und wurden immer kräftiger und munterer. Zu meiner riesigen Freude kamen alle Welpen durch, sodass wenige Wochen später 16 gesunde und muntere Frettchen in ein neues Zuhause umziehen konnten.

Manche Fähen wissen bei ihrem ersten Wurf nicht so richtig, was mit ihnen los ist und was zu tun ist. So habe ich zum Beispiel einmal erlebt, dass ich in den Stall kam, die Türen öffnete und zur Begrüßung erst mal Vitaminpaste verfütterte. Die werdende Mama schleckte ganz besonnen die Paste von meinem Finger, als ich plötzlich bemerkte, dass die Geburt losging und schon ein Welpe rausschaute. Ich nahm die Paste beiseite,

Manchmal müssen die Welpen noch mit Ersatzmilch zugefüttert werden.

schloss das Türchen und wollte nicht weiter stören. Da die Mutter aber nicht wusste, was sie tun sollte und eher nach der Vitaminpaste schaute, als sich um ihre Geburt zu kümmern, nahm ich die Fähe vorsichtig heraus, half ihr mit ihrem ersten Welpen, legte ihn in ihr vorbereitetes Nest und lies ihn von seiner Mama trocken schlecken. Das klappte prima und als nach dem ersten Welpen die Anlaufschwierigkeiten vorbei waren, ging alles ohne meine Hilfe seinen Weg. Auch die weitere Aufzucht bereitete ihr keine Probleme.

Deck- & Wurftabelle

In der oberen Zeile steht immer das Datum, an dem die Fähe gedeckt wurde, und in der unteren Zeile der errechnete Geburtstermin.

Januar	1	2	3	4	5	6	7	8	9	10	11	12	13	14	15	16
Februar	12	13	14	15	16	17	18	19	20	21	22	23	24	25	26	27
Jan-Feb	17	18	19	20	21	22	23	24	25	26	27	28	29	30	31	1
Feb-Mrz	28	1	2	3	4	5	6	7	8	9	10	11	12	13	14	15
Februar	2	3	4	5	6	7	8	9	10	11	12	13	14	15	16	17
März	16	17	18	19	20	21	22	23	24	25	26	27	28	29	30	31

Feb-Mrz	18	19	20	21	22	23	24	25	26	27	28	1	2	3	4	5
April	1	2	3	4	5	6	7	8	9	10	11	12	13	14	15	16
März	6	7	8	9	10	11	12	13	14	15	16	17	18	19	20	21
Apr-Mai	17	18	19	20	21	22	23	24	25	26	27	28	29	30	1	2
Mrz-Apr	22	23	24	25	26	27	28	29	30	31	1	2	3	4	5	6
Mai	3	4	5	6	7	8	9	10	11	12	13	14	15	16	17	18
April	7	8	9	10	11	12	13	14	15	16	17	18	19	20	21	22
Mai-Jun	19	20	21	22	23	24	25	26	27	28	29	30	31	1	2	3
Apr-Mai	23	24	25	26	27	28	29	30	1	2	3	4	5	6	7	8
Juni	4	5	6	7	8	9	10	11	12	13	14	15	16	17	18	19
Mai	9	10	11	12	13	14	15	16	17	18	19	20	21	22	23	24
Jun-Jul	20	21	22	23	24	25	26	27	28	29	30	1	2	3	4	5
Mai-Jun	25	26	27	28	29	30	31	1	2	3	4	5	6	7	8	9
Juli	6	7	8	9	10	11	12	13	14	15	16	17	18	19	20	21
Juni	10	11	12	13	14	15	16	17	18	19	20	21	22	23	24	25
Jul-Aug	22	23	24	25	26	27	28	29	30	31	1	2	3	4	5	6
Jun-Jul	26	27	28	29	30	1	2	3	4	5	6	7	8	9	10	11
August	7	8	9	10	11	12	13	14	15	16	17	18	19	20	21	22
Juli	12	13	14	15	16	17	18	19	20	21	22	23	24	25	26	27
Aug-Sept	23	24	25	26	27	28	29	30	31	1	2	3	4	5	6	7
Jul-Aug	28	29	30	31	1	2	3	4	5	6	7	8	9	10	11	12
September	8	9	10	11	12	13	14	15	16	17	18	19	20	21	22	23
August	13	14	15	16	17	18	19	20	21	22	23	24	25	26	27	28
Sept-Okt	24	25	26	27	28	29	30	1	2	3	4	5	6	7	8	9

Frettchenausstellungen

Inzwischen gibt es, vor allem im Norden von Deutschland, jedes Jahr verschiedene Frettchenausstellungen. Dorthin gehen vor allem Frettchenzüchter mit ihren Zuchttieren und dem Nachwuchs, aber auch viele Hobbyhalter, um ihre Tiere auszustellen, sowie einige Besucher, die sich mit dem Thema „Frettchen“ beschäftigen und sich informieren möchten.

Es gibt verschiedene Klassen, in die man seine Frettchen einstufen und bei denen man sie anmelden muss.

Unterschieden wird in:

- Alter: Jungtier, offene Klasse, Alttier (Handicap)
- Farben: Iltis, Albino, Zimt, Blackself, Harlekin, Silver-Harlekin, Sonderfarben
- Fellllänge: Langhaar, Kurzhaar

 Die stolze Siegerin!

Die Bewertung

Je nachdem, in welcher Klasse ein Tier gemeldet ist, werden unterschiedliche Sachen verschieden bewertet.

Die Richtlinien sind immer dem Alter entsprechend. So bekommt ein Jungtier mit Zahnstein beispielsweise Punktabzug für Zahnstein, ein älteres Tier hingegen nicht. Bei älteren Tieren ist es auch nicht dramatisch, wenn es mal einen abgebrochenen Fangzahn hat.

Die Ohren müssen natürlich bei allen Frettchen sauber sein, die Krallen richtig gekürzt, die Augen nicht entzündet oder verklebt und das Fell muss weich und gepflegt sein. Auch jedes Frettchen, das bissig ist, bekommt Punktabzug.

Die Frettchen sollten ein Idealgewicht haben, die Proportionen müssen stimmen und auch der Schwanz darf nicht zu kurz sein.

Das Fell sollte keine kahlen Stellen aufweisen und nicht struppig oder hart sein.

Zusätzlich werden entsprechend der Farben auch unterschiedliche Dinge bewertet, die für die jeweilige Farbe ausschlaggebend sind. So bekommt ein Harlekin mit Sicherheit Punkte abgezogen, wenn er keine weißen Pfötchen hat.

Folgende Kriterien werden bewertet:

- Gesamteindruck
- Gesundheits- und Pflegezustand von Augen, Ohren, Krallen, Zähnen, Fell
- Körperbau, Gewicht, Proportionen
- Charakter
- Fellbeschaffenheit wie Grannenlänge, Dichte der Grannen, Dichte der Unterwolle, Weichheit

Je nachdem, wer die Ausstellung ins Leben gerufen hat und welche Richter dahinter stehen, gibt es verschiedene Bewertungsrichtlinien mit unterschiedlichen Schwerpunkten.

Hier die Punktetabelle unseres Beispiels:

100 bis 99,5 Punkte: „herausragend“
99 bis 97 Punkte: „vorzüglich“
96,5 bis 94 Punkte: „sehr gut“
93,5 bis 85 Punkte: „gut“
84,5 bis 0 Punkte: „befriedigend“

Ein Tag auf einer Frettchenausstellung

Wenn wir auf eine Frettchenausstellung in den Norden fahren, haben wir folgenden Ablauf: Am Abend vor der Ausstellung richte ich alles für den Transport her. Wir fahren mit einem Kombi, in welchem wir natürlich genug Platz haben, um unsere tollsten Frettchen mitzunehmen.

Wir klappen die Rücksitzbank um, sodass wir mehr Stauraum und eine ebene Fläche haben. Darauf wird dann ein „Transportkäfig" mit den Maßen 120 x 60 x 60 cm aufgebaut. Natürlich muss man darauf achten, dass die Gitterabstände nicht zu weit sind, sodass keine Frettchen herausschlüpfen können. In den Käfig baue ich dann zwei bis drei Hängematten, eine Frettchentoilette sowie Futter, Wasser, Spielzeug und eine Schlafhöhle ein. In diesem Käfig kann man dann seine Frettchen transportieren, auch wenn die Fahrt mal etwas länger dauert.

Je nachdem, wie gut sich die Frettchen miteinander verstehen, kann man später, wenn es losgeht, mehr oder weniger Frettchen in so einen Transportkäfig packen. Sollten sie sich nicht wohlfühlen, wird man das an den ersten Zickereien ganz schnell merken. Wir konnten mit unserer gut sozialisierten Gruppe schon zwölf Frettchen auf einmal transportieren.

Natürlich muss ich auch noch den vorbereiteten Rest (Einstreu für die Frettchentoiletten, Kuschelsachen, Futter, Einstreuschaufeln, Ohrenreiniger, Krallenschere, Impfausweise und so weiter) ins Auto packen und alles abfahrbereit machen.

Dann wird nachts um ein Uhr aufgestanden und Verpflegung für die Fahrt zubereitet. Um zwei Uhr packen wir dann die ausgewählten Frettchen ins Auto in ihren Transportkäfig und los geht's. Die Fahrt verläuft immer recht gemütlich, da die Ausstellungen am Wochenende sind und die Frettchen sehr angenehme und genügsame Beifahrer sind.

Sie kruschteln anfangs etwas im Käfig und schlafen dann relativ schnell ein. Zwischendurch stehen sie manchmal auf, machen brav ihr Geschäft in die Toilette, fressen vielleicht etwas und kuscheln sich dann wieder an ihre Kumpels.

Für die Fahrt in den Norden brauchen wir etwa fünf Stunden. Meistens ist dann ab 7 Uhr morgens Einlass für die Aussteller, sodass man dann schon mit seinen Tieren, Käfigen und Zubehör in die Ausstellungsräume darf, um alles vorzubereiten und die Frettchen „auszupacken". Zur Einlasskontrolle gehört die Überprüfung des Impfpasses, des implantierten Transponders zur eindeutigen Identifizierung sowie eines oberflächlichen Frettchen-Checks durch einen Tierarzt, sodass kranke Tiere sofort ausgeschlossen werden könnten, um mögliche Erkrankungen den Ausstellungsräumen fernzuhalten.

Ist alles in Ordnung, darf man mit seinen Frettchen in die Räumlichkeiten. Man erhält ein Ausstellungsbuch sowie Bewertungskarten und Karten für den Käfig (je nach Ausstellung sogar mit Bildchen der Frettchen, damit Besucher gleich erkennen, um welches Frettchen es sich im Ausstellungskäfig handelt).

Da Frettchen sich absolut nicht so stressen lassen und sehr anpassungsfähig und flexibel sind, werden sie sich auch in den Ausstellungskäfigen sehr schnell wohlfühlen.

Sind die Frettchen „aufgeräumt“ und versorgt, bekommen erst mal Frauchen und Herrchen ein Frühstück, das man sich dort direkt kaufen kann.

Um etwa 9 Uhr morgens beginnt dann die Bewertung. Meistens werden die Frettchen nach Klassen aufgerufen, das bedeutete, dass zum Beispiel zuerst alle Iltis-Jungtiere bewertet werden, danach vielleicht die Silver-Harlekin-Jungrüden, später die Blackself-Jungfähen und noch später erst die Iltis-Alttiere. Für die Aussteller selbst lässt sich nicht immer ein passendes Muster finden, wonach die Tiere aufgerufen werden, aber irgendwann ist jedes Frettchen an der Reihe.

Bevor die Frettchen vom Stuart abgeholt werden, sollte man als Besitzer natürlich schauen, dass die Tiere wach sind und ordentlich aussehen. Es wird also noch mal ein letzter Blick auf die Augen, in die Ohren und auf das Fell geworfen, um unnötige Punktabzüge zu vermeiden.

Die Frettchen werden anonym und nur anhand einer Nummer von Stuarts in die Richterzimmer geholt, um bewertet zu werden.

Auf manchen Ausstellungen wird gewünscht, dass man jedes Frettchen in einer passenden Transportbox abgibt, damit die Tiere kurzzeitig beim Richter verweilen können, bevor sie an der Reihe sind. Hier können die Frettchen auch „zwischengelagert“ werden, wenn der Richter sie später für ein „Punkte-Stechen“ benötigt, also wenn zwei oder mehr Frettchen dieselbe Punktezahl haben und sie nochmals genauestens unter die Lupe genommen werden müssen, um kleinste Fehler bei den Konkurrenten zu erkennen. Erst dann steht die Reihenfolge der ergatterten Punkte fest. Bei anderen Ausstellungen gibt man den Stuarts die Frettchen samt Paste und anonymem Bewertungszettel einfach direkt in die Hand und die Frettchen werden so zum Richter gebracht.

Bis die Frettchen dann wieder zurückkommen, dauert es zwischen 10 und 20 Minuten. Sie bekommen dann auch sofort ihre Bewertungs-

So kann eine Urkunde von einer Frettchenausstellung aussehen.

zettel mit, auf denen ein kleiner Kommentar, sowie die Einstufung steht (also V1, V2 und so weiter), aber leider nie die genaue Punktezahl.

Die meisten Frettchenbesitzer hängen die Zettel an ihre Käfige oder legen sie davor, sodass sie jeder Besucher sehen kann. Andere „verstecken" den Zettel, wenn sie beispielsweise keine gute Benotung haben oder Kommentare draufstehen wie: „Bissiges Monster". Irgendwie kann man ja auch verstehen, dass man nicht möchte, dass jeder Bescheid weiß.

Mittags gibt es dann eine Pause von eineinhalb bis zwei Stunden, in denen sich jeder stärken kann. Danach geht es dann wieder genauso weiter wie vor der Pause, schließlich müssen noch viele Frettchen vom Richter bewertet werden.

Neben den Bewertungen laufen auch immer verschiedene Programmpunkte und Aktionen ab, die man sich anschauen und bei denen man sich die Zeit vertreiben kann. Hierzu gehören zum Beispiel

- Röhrenlauf: Wettbewerb, bei dem das schnellste Frettchen gewinnt.
- Korkenziehen: Wettbewerb, bei dem die ersten drei Korken, die aus einem mit Wasser gefüllten Behälter (vom Menschen!) gezogen wurden, gewonnen haben. Im Vorfeld konnten Korken mit Nummern wie Lose gekauft werden.
- die Möglichkeit, dass die eigenen Frettchen in größeren, vorbereiteten Freigehegen laufen und spielen dürfen.
- Tombolas.
- eine Frettchenolympiade.
- Verkaufsstände mit vielen tollen Frettchenartikeln.
- ein Frettchenquiz.

Abends ab etwa 18 Uhr beginnt dann die Siegerehrung für die Frettchen und ihre Besitzer. Diese ist nach Klassen sortiert und die Besitzer der jeweiligen Frettchen in der entsprechenden Klasse müssen auf die Bühne. Falls das passende Frettchen gerade wach ist, wird es ebenfalls gern auf der Bühne gesehen.

Meistens beginnt die Siegerehrung mit den „Spaßpokalen", das bedeutet, es werden auch lustige Plätze vergeben, wie zum Beispiel

- der leichteste Rüde
- die schwerste Fähe
- Gewinner des Frettchenquiz

Die eigenen Frettchen sind aber sowieso immer die Schönsten!

Zuerst werden die letzten Frettchen platziert. Sie liegen dann alle auf Platz 4. Um es spannend zu machen, wird dann aufsteigend bis zum Sieger aufgerufen und geehrt. Also zuerst wird der dritte Platz, dann der zweite Platz und zuletzt der erste Platz bekannt gegeben. Diese drei Plätze sind natürlich die begehrtesten. Es wird applaudiert und das „Frettchenherrchen" oder „Frettchenfrauchen" wird beglückwünscht.

Jeder Ausstellungs-Teilnehmer bekommt dann noch eine Urkunde, auf welcher der Name und der Platz seines Frettchens stehen, außerdem haben die Richter darauf unterschrieben. Die ersten drei Platzierten erhalten zusätzlich einen tollen Pokal und manchmal auch ein kleines Geschenk.

Ganz zum Schluss werden dann noch der Publikumsliebling oder die Frettchen in „Best of Show“ auf die Bühne gerufen und bekommen hierfür ebenfalls einen Pokal.

Eins darf man bei Ausstellungen mit Tieren aber nie vergessen: Dabei sein ist alles!

Frettchen-Geschichten

Im Folgenden finden Sie noch eine Reihe von Erlebnisberichten verschiedener Frettchen-Liebhaber, um Ihnen zu zeigen, wie spannend und schön, aber auch aufregend das Leben mit Frettchen sein kann, und die Sie hoffentlich auch ein wenig zum Schmunzeln und vielleicht auch zum Nachdenken bringen.

Meine kleine BARF-Geschichte

Von Anita Stockinger

Ja, ich habe selbst Frettchen und seit vielen Jahren eine liebevolle und erfolgreiche Zucht. Anfangs musste ich noch einiges über Futter dazulernen. Meine Fütterung wurde immer besser, ausgewogener und professioneller. Nach einiger Zeit wollte ich dann einfach das Beste für meine Tiere, auch wenn es nicht ganz meinem Geschmack entsprechen würde.

Irgendwann habe ich mal Eintagsküken ausprobiert. Zu Beginn fand ich es schon merkwürdig, die Küken in einer Müslischale auftauen zu lassen und sie dann anzufassen und zu verfüttern. Ich war auch ganz erstaunt, dass sie so flauschig waren, obwohl sie tiergefroren waren.

Die ersten 10 Minuten wussten meine Frettchen nicht wirklich etwas damit anzufangen. Doch nach einiger Zeit haben sie die Küken wenigstens mal verschleppt und wollten sie tot schütteln. Nachdem sie mehrmals Küken bekommen hatten, wurden sie richtig wild darauf, sodass sie sich sogar um sie stritten.

Im Laufe der nächsten Monate kam dann immer mehr an Frischfleisch dazu: Rindfleischhack, Wachteln, Hühnerherzen, Rinderherzen und so weiter. So hat sich die Fütterung allmählich vom reinen Trockenfutter und Dosenfutter wegentwickelt und ging zum Teil über zum Frischfleisch inklusive Vitaminen und Mineralstoffen.

Ein paar meiner Freunde und Bekannten sind auch heute noch nicht so begeistert, dass ich rohes Fleisch und ganze Tiere verfüttere. Aber sie werden sich schon noch daran gewöhnen. Für meine Tiere kann ich mir einfach kein natürlicheres Futter vorstellen als frisches Fleisch, schließlich sind Frettchen ja kleine Raubtiere.

Da es nie irgendwelche Probleme beim Verfüttern gab (sei es von der Verdauung her, vom Fleisch oder dem Fressen an sich), werde ich es auch weiterhin so handhaben, dass ich das Fleisch und die Küken abends aus dem Gefrierfach nehme und meine Frettchen sich morgens darüber hermachen können. Sie lieben das tägliche Frischfleisch und können es morgens kaum erwarten, dass ich sie endlich begrüße und es etwas zu futtern gibt. Ich kann jedem, der ein fleischfressendes Tier bei sich zu Hause hat, nur empfehlen, ihm täglich mit rohem Futter eine Riesenfreude zu machen, die gleichzeitig zur Gesundheit beiträgt.

Ausbruchversuche!

Von Nadine Müller
Erzählt aus der Sicht von Laila von den Fellnasen.

Ende Februar war es so weit! Wir – das sind ich, Laila, und meine Halbschwester Shayenne – sind umgezogen. Unser Frauchen zog mit uns zu ihrem Freund, der ebenfalls zwei Frettchen hatte. Wir verstanden uns natürlich auf Anhieb und teilten alles: den großen Schrank, in dem wir leben, Futter und Wasser – nur wenn es Küken gibt, kommt es manchmal zu kleinen Auseinandersetzungen. Aber sonst sind wir wie Pech und Schwefel, vor allem, wenn es ums Ausbrechen ging.

Anfangs war es immer ganz witzig! Unsere Menschen haben es nicht fertiggebracht, den Schrank ausbruchssicher zu machen, und wir haben sie in der Nacht manchmal besucht, sind aufs Bett gehüpft und haben sie aufgeweckt. Natürlich war es damit nicht genug. Wir wollten spielen und als sie aus dem Bett stiegen und uns einfangen wollten, rannten wir weg und es dauerte eine Weile, bis sie uns wieder erwischt hatten. Böse konnten sie uns aber nicht sein, sie haben immer nur gelacht und uns als „Räuber“ bezeichnet. Einmal hat Josie einen Weg nach draußen gefunden, die Geschichte habe ich am nächsten Tag mitbekommen!

Es war Nacht und unser Herrchen und unser Frauchen waren nicht da. Josie, mein Frettchenkumpel, hatte einen Weg gefunden, um aus dem Schrank auszubrechen, und streunte erst mal in der unteren Wohnung umher. Sie wollte natürlich alles erkunden. Sie muss auf den Stuhl geklettert sein, denn die Klamotten lagen am nächsten Tag verstreut auf dem Boden. Unten war jedoch die Tür offen, sodass die Reise weitergehen konnte. Also lief sie hinaus in den Flur, kletterte auf den Getränkekisten herum und durchsuchte die Adventskränze. Das konnte man am nächsten Tag sehen, da alles auf dem Boden lag.

Dann ging es weiter, die Treppen hinauf in den Flur. Dort kam sie dann durch die Küche und das Wohnzimmer. Im Wohnzimmer hatte sie die Blumenerde durchwühlt, vom Sofa waren die Decken heruntergescharrt, überall lag Blumenerde. Gott sei Dank konnte sie in der Küche nirgends hoch.

Doch es gab ja noch ein weiteres Stockwerk und irgendwann wurden ihr Küche und Wohnzimmer wohl zu langweilig. Also ging sie die Treppen weiter hinauf, oben war ebenfalls ein Flur sowie ein Bad, ein Büro und das Schlafzimmer

der Eltern von unserem Herrchen. Die Mutter erzählte am nächsten Tag, dass sie etwas gehört hatte und schon dachte, dass Einbrecher im Haus wären. Doch dann ist sie aufgestanden und hat ganz langsam die Tür aufgemacht und das Licht im Flur angeschaltet, da kam ihr auch schon eine ganz müde Josie aus dem Bad entgegen. Dort lagen sämtliche Kleidungsstücke auf dem Boden, wo sie sich wohl gerade zum Schlafen einkuscheln wollte. Im Büro war ebenfalls die Blumenerde auf dem Boden verteilt.

Sie kam natürlich gleich angelaufen und hat sich wieder mit nach unten nehmen lassen. Zurück im Schrank fraß und trank sie erst mal, dann legte sie sich schlafen. Den ganzen Tag hat man sie nicht mehr gesehen, auch nicht, als wir unseren Freilauf bekamen und spielen durften. Aber seitdem haben wir noch viele weitere Ausbruchversuche gestartet, was uns allerdings nicht mehr sehr häufig gelingt!

Der Tag als Fu Long, Bonnie und Pablo einzogen

Von Frank Sievers

Was für ein toller Tag: Der Frettchen-Abhol-Tag war da. Endlich, es geht zur Züchterin, um die Fähen Fu Long und Bonnie sowie Rüde Pablo abzuholen. Wieder daheim wurden die kleinen Kobolde auf den Terrassentisch gestellt und wir konnten unser Glück kaum fassen. Süß, wie sie so daliegen oder tapsig über den Tisch laufen. Sind Frettchen nicht was absolut Einmaliges? Einfach die süßesten Tiere auf Erden? Für mich stand diese Tatsache unumstößlich fest.

Um nicht gleich am ersten Tag zu viel Stress bei einer Zusammenführung mit meinen vier „alten" Frettchen aufkommen zu lassen, haben wir zunächst einen abgesperrten Bereich im Käfig geschaffen. Die neue Umgebung wurde intensiv beschnuppert und dann die Schlafhöhle für ein langes Nickerchen nach all den Aufregungen genutzt.

Rückblick: Ein Jahr zuvor hatte ich zwei Rüden (Carlos und Teddy) mit meinen ersten beiden Frettchen, Eli (Fähe) und Charlie (Rüde), zusammengeführt. Dabei hatte ich gelernt, dass es schon etwas lauter werden kann, wenn die „alten" Frettchen die Neuankömmlinge im Nacken packen und so richtig durchschütteln (schließlich hatte ich den Züchter gefragt, was passieren kann und worauf man sich vorbereiten muss). Allerdings war dieses „In-den-Nacken-Beißen und Umherwirbeln" nicht sehr intensiv gewesen und nach etwa einem Tag stellte sich ein sehr harmonisches Zusammenleben meiner vier Frettchen ein.

Also keine Angst und mal sehen, was passiert! Im Prinzip war es so, wie ich es erwartet hatte. Gerade die Fähen Fu Long und Bonnie wurden intensiv beschnuppert und nur kurz „belästigt". Nichts Aufregendes für einen „Frettchenversteher". Nur mein lieber, verschmuster und verspielter Rüde Teddy (1400 g schwer) schien gerade durch den neuen Rüden Pablo besonders gereizt zu werden. So intensiv hatte ich das Packen und Schütteln noch nicht erlebt. Das Quieken nahm kein Ende. Schlussendlich war ich selbst so aufgeregt, dass ich die Frettchen wieder getrennt habe, damit sich Teddy abregen und besonders Pablo Ruhe bekommen konnte.

Ich war geschockt, keine Frage. Also sofort den Telefonhörer in die Hand und die Züchterin anrufen. Sie beruhigte mich mit den Worten: „Das ist bei Frettchen nicht unüblich. Mal geht es leise und mal etwas intensiver zu. Meistens hört es sich schlimmer an, als es ist. Nur sehr, sehr, selten funktioniert die Zusammenführung (Vergesellschaftung) wirklich nicht und man muss aufgeben."

Aha! So, so! Na gut!

Also habe ich weitere Zusammenführungen versucht. Aber jedes Mal, sobald Teddy in die Nähe von Pablo kam, war er nicht mehr zu halten. Nichts half! Egal, ob ich Teddy mit Wasser einsprühte (damit er sein Fell pflegte) oder ob ich ihn mit seiner geliebten Vitaminpaste abzulenken versuchte – Pablos Gegenwart war ein noch größerer Reiz. Selbst ein paar Tage zum Abkühlen halfen offensichtlich nichts. Schließlich war ich mit meinen Nerven am Ende und rief schweren Herzens die Züchterin an, um ihr mitzuteilen, dass ich Pablo wohl doch zurückbringen müsste.

Die Züchterin war bereit, Pablo wieder zurückzunehmen, hat mich aber nach intensivem Zuhören beschworen, nicht so schnell aufzugeben. Auch sie hatte so was schon erlebt, aber letztendlich war es immer gut ausgegangen. Da Pablo bisher noch unverletzt war (keine blutige Spur von den Bissen im Nacken) und ich der Züchterin sehr vertraue, habe ich das Wagnis nochmal auf mich genommen.

Nun wollte/sollte ich aber nicht mehr dazwischengehen. Ich sollte einfach warten, was passiert, und nur, wenn es wirklich zu Verletzungen kommt oder einer panisch oder kreischend seine Ruhe möchte und sich versteckt, eingreifen.

Ich gebe offen zu, es war nicht leicht. Aber es half nichts, da musste ich nun durch. Also Ohren zuhalten und Ruhe bewahren. Doch es war tatsächlich so, wie von der Züchterin vorausgesagt: Teddy beruhigte sich dann doch. All die Aufregungen und nervliche Belastungen waren schlussendlich der Tatsache geschuldet, dass ich zu früh dazwischengegangen war und somit zu menschlich und zu sensibel reagiert habe. Mit etwas mehr Ruhe und Abgeklärtheit wäre die ganze Vergesellschaftung innerhalb von ein bis zwei Tagen erledigt gewesen und hätte sich nicht über fast zwei Wochen hingezogen.

Nachtrag: Selbstverständlich kam es so, wie Teddy anscheinend befürchtet hatte. Pablo wuchs zu einem stattlichen, größeren und stärkeren Rüden als er selbst heran. Selbstverständlich gab es noch einige Kämpfe zwischen den beiden. Nachdem die Rangordnung nach etwa einem halben Jahr geklärt und Pablo der neue Leitrüde war, hatte ich wieder eine entspannte und ausgeglichene Gruppe.

Augen auf beim Frettchenkauf

Von Katinka Molenda und Sabine Mellahn

Hier sollte nicht der Preis entscheiden …

Mal ganz ehrlich – welcher Frettchenanfänger hat sich vor der Anschaffung nicht die Frage gestellt: „Muss man denn für ein Frettchen wirklich so viel Geld ausgeben?"

Und auch ich, die inzwischen acht knuffelsüße und rotzfreche Teppichflitzer ihr Eigen nennen darf, aber doch vor Jahren selbst mal eine Frettchenanfängerin war, habe damals ganz schön geschluckt, als ich im Internet und in Zeitungen die ja teilweise doch recht üppigen Preise von Züchtern gesehen habe, und gerade, wenn es dann noch eine „besondere" Farbe sein soll! Mein lieber Scholli – wo ich doch mein kerngesundes und im besten Alter stehendes Shetlandpony-Stütchen, also ein doch sehr viel größeres Tier, für nur 280 Euro erworben habe!

Ja, da fragt sich dann doch sicher jeder von uns, ob es denn nicht auch ein 30-Euro-Frettchen von „irgendwoher" tut, ohne Papiere und ohne über Generationen zurückverfolgbaren Stammbaum, wo doch die meisten Züchter-Kaufverträge eh schon eine Kastrationsauflage als festen Bestandteil beinhalten, denn auch von solchen Billig-Anzeigen wimmeln ja die Zeitungen!

Sicherlich ist diese Überlegung gerechtfertigt, kostet doch die Anschaffung eines Frettchens beziehungsweise zweier Frettchen, denn – so sollten wir verantwortungsbewussten Frettchenhalter ja inzwischen alle wissen – Frettchen gehören niemals in Einzelhaltung, noch sehr viel mehr als nur der Kaufpreis der Frettchen! Damit sich unsere kleinen Pelzwürste bei uns zu Hause auch so richtig wohlfühlen, muss ja eine luxuriöse Behausung wie zum Beispiel zumindest ein umgebauter Kleiderschrank, ein Außengehege, ein eigenes Frettchenzimmer oder am besten (diesen Luxus genießen meine acht Zwerge) eine komplette frettchensichere Wohnung her! Ebenso kann man für die richtige artgerechte Ernährung, ganz viel Spielzeug, die regelmäßigen und natürlich auch die überraschenden ungewünschten Tierarztbesuche und so weiter nicht gerade kleine Geldsummen lassen …

Kurz und gut: Ich kann nach meiner eigenen Erfahrung allen Frettchenhaltern und denen, die es vielleicht mal werden wollen, nur eines ganz sicher sagen: Die Anschaffung ist nicht das Teuerste!

Beleuchten wir das Ganze doch einmal von einer anderen Seite. Hierzu möchte ich eine kleine Geschichte erzählen, die gerade meine befreundete Frettchenzüchterin erlebt hat.

Sie bekam den Anruf einer frettchenunerfahrenen Familie, die sich bei einer „Züchterin" aus dem Osten zwei Frettchen bestellt hatte – wohlgemerkt, ohne jemals dort hingefahren zu sein.

Die Frettchen wurden ihr dann – mir als Frettchenliebhaberin hat es schon fast die Tränen in die Augen getrieben – auf dem ganz normalen Postweg in einem kleinen Paket zugeschickt! Mal ganz abgesehen davon, dass ja schon allein diese Tatsache zumindest den Straftatbestand der Tierquälerei erfüllen sollte, waren in dem Paket statt der zwei bestellten Frettchen insgesamt vier

Frettchen zu finden! Es waren eine Mutterfähe mit ihren zwei Welpen sowie ein weiteres blindes Frettchenkind, alle vier in sehr schlechtem Zustand, woran vermutlich aber nicht allein die Reise im Postpaket schuld gewesen sein dürfte. Die Welpen waren unterernährt, verstört und noch viel zu jung, um von der Mutter getrennt zu werden (diese war ja aber nun glücklicherweise mit verschickt worden, was allerdings wohl ein Versehen der „Züchterin" gewesen war, denn die rief einige Tage später an, um sich zu erkundigen, ob eventuell ein Frettchen zu viel im Paket gelandet sei, denn ihr würde im Stall eine Fähe fehlen)!

So wandte sich die Anruferin nun verzweifelt an meine Bekannte, weil sie mit den vier Frettchen komplett überfordert war. Die Frettchen seien hochgradig bissig und das Muttertier würde von dem Aufschnitt (man höre und staune …), mit dem sie – gemäß Anweisung der „Züchterin" – die Frettchen einmal am Tag ernährte, selbst nichts fressen, sondern alles immer nur zu den Jungen schleppen!

Meine Bekannte empfahl, die Tiere erst mal komplett von der Fütterung her umzustellen, nämlich auf richtige Frettchenernährung mit Frischfleisch und Frettchen-Trockenfutter, und außerdem mehrere Mahlzeiten am Tag zu füttern, da die Tiere ganz sicher einfach hungrig waren, und es daher kein Wunder sei, dass das Muttertier instinktiv alles Essbare zu den Welpen schleppte und selbst verzichtete. Darüber hinaus würde sich die „Bissigkeit" der Tiere sicher legen, wenn diese zumindest schon einmal satt wären.

Die Anruferin folgte den Ratschlägen und rief am nächsten Tag erneut an, um dankbar zu berichten, dass es „geklappt" habe, die Tiere nun mit dem richtigen Futter schon viel zufriedener wären und auch nicht mehr so doll beißen würden!

Eine Weile später meldete sich die Dame wieder und erzählte meiner Bekannten, dass sie nun doch festgestellt hätte, dass so eine artgerechte Frettchenhaltung ja doch recht teuer sei und sie ja ohnehin nur zwei Frettchen hätten haben wollen. Sie fragte, ob es möglich sei, das Muttertier und die kleine blinde Fähe meiner Züchterin zu überlassen, damit diese sie neu vermitteln könne! Gesagt, getan!

Die beiden Tiere wurden abgeholt und befanden sich leider noch immer in katastrophalem Zustand. Das Muttertier war stark unterernährt und sah sehr schlecht aus, ebenso die kleine blinde Fähe.

Nach dem ersten Tierarztbesuch stellte sich heraus, dass die Tiere stark von Ohrmilben befallen waren und insgesamt einen schlechten Allgemeinzustand hatten. Sie wurden natürlich umgehend behandelt, aufgepäppelt und das Muttertier ist inzwischen auch kastriert worden, wobei aufgrund des schlechten Zustandes bei der Operation ein gewisses Risiko bestand, man jedoch nicht riskieren wollte, dass die Fähe nun noch in die Ranz kommt, was den Körper nur noch zusätzlich gestresst und belastet hätte.

Den beiden Fähen geht es heute gut. Die lästigen Ohrmilben sind so gut wie weg und das Muttertier hat sogar schon ein schönes neues Zuhause gefunden, in das sie in der nächsten Woche einziehen wird!

Auch die kleine Blinde ist quietschfidel und wartet nun ebenso auf ein neues Zuhause, in dem sie dann endlich Frettchen sein darf. Sie wird natürlich – sollte sich niemand für sie finden – zu gegebener Zeit kastriert werden und bei meiner Frettchen-Züchterin alt werden!

Jeder, der jetzt aufmerksam gelesen hat, sollte nun vor der Anschaffung noch einmal Folgendes bedenken:

Ein Frettchen aus einer guten Zucht – auch wenn es etwas teurer ist – ist von Anfang an artgerecht gehalten und ernährt worden. Es ist gut sozialisiert, sowohl Artgenossen als auch Menschen gegenüber, es ist gesund, geimpft, oft auch schon gechippt, und man kann anhand der Papiere nachvollziehen, dass es in seiner kompletten Linie über Generationen keine Inzucht gab. Deshalb sind Papiere so wichtig. Sie sind nicht nur dafür da, um damit stolz „herumzuprotzen" oder selbst zu „züchten".

Man sollte mit Billigkäufen keine selbst ernannten „Züchter" unterstützen, die ihre Tiere billig produzieren und billig aufziehen. Wir helfen den Tieren nicht, indem wir vielleicht ein oder zwei oder vielleicht auch drei oder zehn kaufen. Wir können nicht alle retten!

Ich kann allen Frettchenanfängern nur folgenden gut gemeinten Rat geben: Fahrt zu den Züchtern – meinetwegen auch zu mehreren – und informiert euch vor Ort selbst über deren Frettchenhaltung! Jeder gute Züchter wird euch bereitwillig alle Fragen beantworten und seine Tiere zeigen, die Welpen, die Elterntiere und oft auch deren Eltern und sogar Großeltern. Nehmt die Tiere selbst auf den Arm und sucht euch ganz in Ruhe eure Frettchen aus! Und jeder gute Züchter wird euch auch nach dem Kauf weiterhin mit Rat und Tat zur Seite stehen.

Nur so werdet Ihr auch über lange Jahre unglaublich viel Spaß und ganz viel Freude an den kleinen Rackern haben. Lasst Euch das von einer langjährigen und immer noch total begeisterten Frettchenhalterin sagen.

Gier

Von Eva Wolf

Meine beiden Rüden, Jacques und Filou, waren zu diesem Zeitpunk etwa ein halbes Jahr alt, somit im Wachstum und noch ausgestattet mit dem Hunger einer siebenköpfigen Raupe.

Das Fleisch, in diesem Fall Putenbrustfilet, kaufte ich kiloweise und pflegte es in „maulgerechte Happen“ zu schneiden. Sobald in der Küche der Geruch von Fleisch in der Luft lag, kamen die beiden herangeflitzt, setzten sich auf ihre Hinterbeine und reckten ihre schnüffelnden Nasen in die Luft. Es kam schon mal vor, dass Jacques mich am Hosenbein erkletterte, um dem Geschehen näher zu sein, was ich zu diesem Zeitpunkt noch sehr lustig fand.

An diesem Abend hatte ich gerade eine neue Packung geöffnet und das Fleisch entnommen. Ich setzte gerade das große Fleischermesser an, um das Fleisch zu zerteilen, als ich furchtbar erschrak, weil Jacques sich an einem mit einem Haken aufgehängten Geschirrtuch auf die Arbeitsplatte hinaufgezogen hatte, sich in das kiloschwere Fleischstück verbiss und nun die Absicht hatte, von der Arbeitsplatte herunterzuspringen. Ich war so erschrocken, weil ich ihn beinahe mit dem Messer verletzt hatte, und konnte den Räuber gerade noch auffangen: das ein Kilogramm schwere Frettchen mit einem ein Kilogramm schweren Fleischbrocken im Maul!

Es muss ein Bild für die Götter gewesen sein, denn ich zerrte am Fleisch und ich zerrte am Frettchen. Aber dieses war offenbar nicht gewillt, diese Riesenbeute jemals wieder loszulassen geschweige mit seinem Bruder oder den anderen zu teilen. So blieb mir nur eines übrig, nämlich mit dem Messer das Frettchen samt seiner gerechten Abendportion vom großen Brocken abzuschneiden.

Vergebliche Müh

Von Anita Stockinger

Will man einen Kratzbaum aufbauen, so sollte man das nicht ausgerechnet im Frettchengehege versuchen. Mir ging es einmal so, dass ich meine Frettchen ins Freigehege gelassen hatte und mit ihnen spielte und nebenher einen neu gekauften Kratzbaum aus seinem Karton befreien und aufbauen wollte. Natürlich wuselten die Frettchen sofort neugierig um den Karton herum und beschnüffelten ihn. Es dauerte nur wenige Sekunden, bis die ersten sportlichen Frettchen den Karton kraftvoll erklommen hatten, und schon flitzten sie auf dem noch geschlossenen Karton herum und freuten sich.

Da ich das Klebeband des Kartons noch mit einem Bleistift aufritzen und öffnen wollte, setzte ich erst einmal alle Fritten wieder auf den Boden. Als ich das erreicht hatte, bemerkte ich schnell, dass der Bleistift plötzlich verschwunden war. Also machte ich mich auf die Suche nach dem Stift und erwischte „Galatea“ dabei, wie sie ihn gerade in ihrer Lieblingshöhle verstauen wollte. Schnell

schnappte ich mir den Bleistift, setzte die anderen Frettchen mit einer Hand flux auf den Boden und öffnete den Karton.

Noch bevor ich die ersten Teile des Kratzbaums aus dem Karton befreien konnte, saßen die ersten frechen Frettchen auch schon im Karton und quetschten sich durch die Einzelteile des Kratzbaums. Vorsichtig holte ich einzelne Kleinteile, Stangen und Höhlen aus der Kiste und legte sie auf den Boden. Als ich die Teile auspacken wollte, sah ich, wie sich „Trevor" schon die Aufbauanleitung geschnappt hatte und anfing, sie in Einzelteile zu zerlegen. Also musste ich wieder aufstehen, die Anleitung in Sicherheit bringen, um schließlich die restlichen Teile auszupacken.

Als ich es endlich geschafft hatte, die Teile aus den umwickelten Schutzpapieren zu schälen, freuten sich alle Frettchen über die so lustig knisternden Papiere auf dem Boden. Ich legte die Aufbauanleitung in Sichtweite auf eine Erhöhung, auf die meine Frettchen nicht kommen sollten. Und so begann ich, die ersten Teile des Kratzbaums nach der Anleitung zu sortieren und zusammenzuschrauben. Das Hindernis war aber, dass die Frettchen es irgendwie schafften, immer auf genau den Teilen herumzuhüpfen, die ich brauchte.

Obwohl es die Angelegenheit erschwerte und die Zeit ganz schön hinauszögerte, musste ich mich doch ständig über meine bekloppten Frettchen kringelig lachen. Auch das animierte sie, immer weiter zu hüpfen und Blödsinn zu machen. Wie ich so am Boden saß und verzweifelt versuchte, meine Einzelteile vor den Frettchen zu retten, sah ich, wie „Suki" sich langsam und vorsichtig von hinten an mich heranschlich. Plötzlich hüpfte sie auf mich zu, zwickte mich ganz leicht in die Seite, bei der etwas Haut herausschaute, und kringelte sich dann vor Freude, dass sie mich erwischt hatte. Sie flitzte und gockerte noch eine Weile vor sich hin und feierte so ihren errungenen Sieg. Dabei bildete ich mir ein, dass sie irgendwie richtig schadenfroh aussah. Nach dieser frechen Aktion versuchte ich dann, den Kratzbaum weiter aufzubauen.

Bisher hatte ich noch nicht viel zustande gebracht. Also schob ich die Frettchen, die immer noch glücklich auf den Einzelteilen herumhüpften, runter und schraubte die nächsten Teile zusammen. Sehr langsam und mit vielen Unterbrechungen jeglicher Art wurde der Kratzbaum größer. Nach zwei Stunden war der Kratzbaum noch immer nicht fertig aufgebaut, weil mir ständig meine Frettchen in die Quere kamen. Das war dann auch der Grund, weshalb ich beschloss, den Aufbau einen Tag ruhen zu lassen, um am nächsten Tag weiterzumachen. Das war das einzige Mal, bei dem ich für den Aufbau eines Kratzbaums zwei Tage brauchte.

Seitdem versuche ich, Kratzbäume und sonstige Gegenstände nicht gerade mit den Frettchen gemeinsam aufzubauen, sondern mir dafür einen ruhigeren Platz zu suchen. Von da an schaffte ich es, Kratzbäume innerhalb einer halben Stunde aufzubauen, und das, obwohl mir kein Frettchen dabei zur Hand ging.

Endlich wieder da!

Von Sabine, Krissy, Adrian und Heinz-Werner Kohlmeier

Zu Beginn meiner Geschichte möchte ich mich zuerst vorstellen. Mein Name ist Freya von den Fellnasen und ich lebe mit meiner Schwester Chi-Chi bei meinen Menschen in Leonberg. Dort bewohnen wir ein eigenes Zimmer unterm Dach mit vielen Kletter- und Spielmöglichkeiten.

Ja, Klettern ist neben Essen eine meiner größten Leidenschaften, die mir fast zum Verhängnis wurde.

Es war an einem grauen und nebeligen Novembertag. Unsere Menschen waren gerade bei uns zum Spielen gewesen, da strich mir doch ein Luftzug ums neugierige Näschen. Siehe da, sie hatten beim Verlassen des Zimmers vergessen, dass Dachfenster zu schließen. Oh, das war meine Möglichkeit, die Welt da draußen zu erkunden. Wie praktisch, es stand direkt ein Schreibtisch unter dem Fenster und mit einem riesigen Hops saß ich eben auf diesem. Der Weg aus der Dachluke gestaltete sich schon schwieriger, aber letztendlich siegte meine Beharrlichkeit und ich saß auf dem Dach. Jetzt übermannte mich erst mal meine Neugierde und ich machte mich auf Entdeckungstour.

Hmmm … so langsam wurde es dunkel, ich hatte Hunger und unheimlich war es mir außerdem. Leider fand ich einfach nicht mehr den Weg zurück zum Fenster, sodass ich mir ein anderes Nachtquartier suchen musste. Was in der Zwischenzeit zu Hause passierte, habe ich dann von meiner Schwester Chi-Chi erfahren.

Adrian, einer meiner Menschen, kam mit frischem Wasser und Fleisch in unser Zimmer, sah das offene Fenster, entdeckte auf Anhieb nur seine Chi-Chi und fing ganz laut an zu rufen.

Inzwischen war die ganze Familie im Zimmer, alle waren aufgeregt, liefen durcheinander, riefen meinen Namen und mein Mensch Krissy fing sehr an zu weinen.

Sie kletterte auf das Dach, rief ganz laut meinen Namen, verteilte Leckerchen und strich Mulitpaste an den Fensterrahmen. Meine Menschen hatten ganz doll Angst um mich und Chi-Chi verstand auch nicht, warum ich solche Dummheiten machte. Sie durfte die Nacht bei ihrem Adrian schlafen, damit sie nicht so allein war.

Sie hatten auch bei Anita, unserer Züchterin, angerufen, um zu fragen, was sie noch alles unternehmen könnten, um mich zu finden.

Am nächsten Tag sind gleich alle in unser Zimmer gerannt, um zu sehen, ob ich den Weg wieder nach Hause gefunden hätte. Leider war es immer noch leer und sie sind zum wievielten Mal um das Haus gelaufen und haben gerufen – alles vergeblich.

Am späten Nachmittag klingelte es an der Haustür und ein ganz aufgeregter Nachbarjunge stand vor der Tür. „Wir haben euer Frettchen, haben euer Frettchen", rief er. Die Menschenmama war zu dem Zeitpunkt allein zu Hause (sie ist die Ängstlichste), rannte aber tapfer mit in den Keller der Nachbarn und tatsächlich, im Lichtschacht, mit einer riesigen Klobürste und einem Fell wie einmal durch den Kamin gezogen saß – ich.

Ich scharrte an dem Gitter und dachte, na endlich, das hat ja gedauert, nun macht endlich das doofe Fenster auf.

Die Menschenmama war ein bisschen langsam, deshalb musste ich sie auch mal kurz anfauchen, denn ich hatte nämlich etwas Angst, Hunger, Durst, vermisste meine Schwester und meine Menschen. Wieder in unserem Zimmer machte ich mich erst mal über das Futter her, vollführte mit Chi-Chi einen Freudentanz und fiel in einen komaähnlichen Schlaf. Die Nachbarin erzählte meinen Menschen noch, wo ich wohl überall in ihrem Garten war.

*Ähhhh … den Meerschweinchenkäfig habe ich leider nicht aufbekommen, musste deshalb darunter in einem Korb mit Stroh schlafen. Ja, ihr Lieben, was allerdings immer mein Geheimnis bleiben wird, ist, wie ich vom Dach des Hauses über drei Stockwerke in den Garten kam *grins*.*

Ach ja, ich habe meinen Kurztrip in die Wildnis unbeschadet überstanden, das sagte der nette Doc, bei dem ich am nächsten Tag war. Und versprechen musste ich meiner Schwester, ihr nie wieder mit so einer Aktion einen derartigen Schrecken einzujagen.

Frettchenkauf – aber wo?

Von Patricia Zierold

Wenn die Entscheidung für ein Frettchen gefallen ist und man sich darüber im Klaren ist, dass Frettchen nicht für die Einzelhaltung geeignet sind, stellt sich nun eine nicht ganz unwichtige Frage. Wo kaufe ich meine Frettchen? In der Zoohandlung oder beim Züchter? Keine Entscheidung muss die falsche sein, aber unter Umständen könnte hier Probleme auftreten, die unnötig sind. Ich spreche aus eigener Erfahrung, da ich bereits Tiere von beiden Varianten hatte.

Zoohandlungen bergen leider oft den Nachteil, dass die Tiere von Zuchtfarmen aus Holland, Amerika oder anderen Ländern stammen, was das Risiko von Inzucht stark erhöht und somit auch die erblich bedingten Krankheiten fördert. Wir hatten schon die verschiedensten Krebsarten und sonstigen Erkrankungen bei unseren Frettchen. Teilweise wussten wir nicht mal, warum zweien unserer Langhaar-Frettchen (Fähe/Rüde) das Fell komplett ausfiel. Zwar sind diese Tiere vielleicht günstiger in der Anschaffung, bergen aber gerade durch das erhöhte Erkrankungspotenzial sehr hohe Tierarztkosten, die auf die neuen Besitzer zukommen können.

Mir war das damals selbst nicht bewusst, da ich niemanden hatte, den ich fragen konnte, auf was ich zu achten hätte. Dies hatte zur Folge, dass wir teilweise sogar täglich Spritzen beim Tierarzt abholen und unseren Tieren injizieren mussten. Meist ist hier auch stark zu kritisieren, dass die Welpen viel zu früh von den Müttern getrennt werden, somit also auch das Sozialverhalten der Kleinen nicht ausreichend geprägt werden kann. Solche Tiere in eine bestehende Gruppe zu integrieren, kann durch das mangelnde Sozialverhalten sehr langwierig sein.

Die völlig verängstigten Welpen/Jungtiere wissen auch mit einem Menschen nicht viel anzufangen, da sie den Kontakt nicht gewohnt sind. Eine Folge kann ein bissiges Frettchen sein, denn eine andere Möglichkeit zur Wehr hat es ja nicht. Schritt für Schritt mussten auch wir solchen Tieren beibringen, dass von „ihren Menschen" keine Gefahr droht. Für manch einen ist das bestimmt eine Geduldsprobe, denn je nach Tier kann das Wochen oder sogar Monate dauern, bis es begreift, dass ihm wirklich kein Unheil droht.

Es gilt also immer die Devise: Was heute nicht funktioniert, probieren wir morgen noch mal. Und im Notfall ist Bestechung mit Vitaminpaste die beste Hilfe zum Erfolg. Sehr wichtig ist nicht aufzugeben, denn früher oder später wird selbst das störrischste und zickigste Frettchen handzahm und zutraulich. Im längsten Fall brauchten wir bei unserer Fähe Lissy damals etwa acht Monate, bis sie uns voll vertraute.

Bei Tieren aus einer privaten Zucht treten solche Probleme meist gar nicht erst auf, das weiß ich heute. Da die Welpen lange genug bei den Müttern bleiben können, aber auch Kontakt zu anderen Fähen und Welpen bekommen, ist ihr Sozialverhalten mit acht Wochen, was das übliche Abgabealter ist, bereits gut ausgeprägt. Tiere von Züchtern sollten auch nicht mehr unkontrolliert zubeißen, denn, wenn das der Fall ist, war der Züchter keine gute Wahl. Die Tiere sollten weder Scheu noch Abwehrverhalten zeigen, sondern nur mit ihrer angeborenen Neugierde auf neue Menschen reagieren. Allerdings ist ein gelegentliches Knabbern oder Zwicken während des Spiels völlig normal, nur sollte man den Kleinen rechtzeitig zeigen, an welchem Punkt Schluss ist, indem man das Spiel unterbricht, wenn sie zu übermütig sind. Es kommt auch heute noch bei uns hin und wieder vor, dass ein kleiner Tropfen Blut fließt, aber das ist alles nur halb so wild.

Aus mehr als 13-jähriger Erfahrung mit Frettchen, ob vom Tierschutz, der Zoohandlung oder vom privaten Züchter, sind Frettchen für mich die idealen Haustiere vor allem, da ich berufstätig bin. Einen Hund müsste ich über neun Stunden täglich allein lassen, weshalb ich keinen Hund halten kann. Meine Frettchen bekommen gar nicht mit, dass ich nicht da bin, und ich würde sie auch nicht gegen ein anderes Tier eintauschen.

Frettchen sind regelrechte „Schlafmützen", sodass sie am Tag vielleicht nur vier bis fünf Stunden wach verbringen und den Rest einfach verschlafen. Die Wachphasen kann man aber problemlos auf seinen eigenen Rhythmus einstellen. Meine Frettchen sind zum Beispiel morgens fit, bevor ich zur Arbeit gehe, und werden wieder wach, wenn ich bereits zurück bin. Allerdings sollte sich jeder darüber im Klaren sein, dass Frettchen keine Kaninchen oder Meerschweinchen sind. In gewisser Weise brauchen sie Erziehung und auch ständige Aufmerksamkeit während der Wachphasen. Denn auch anfangs zahme Frettchen können wieder anfangen zu beißen, wenn sie vernachlässigt werden.

Meine eigene Rasselbande besteht momentan aus sieben Frettchen (vier Fähen, drei Rüden) im Alter zwischen drei Jahren und einem Jahr. Nur zu gut weiß ich, wie unschuldig und knuffig die Kleinen aussehen können, wenn sie wollen, trotz allem sind die kleinen Racker mit allen Wassern gewaschen. Eins habe ich gelernt: Immer dann, wenn sie am unschuldigsten aussehen, sind sie es garantiert nicht.

Vor meinen jetzigen Frettchen hatte ich immer Tiere aus einer Zoohandlung oder Tiere, die mir vom Tierschutz vermittelt wurden. Was nicht nur einmal vorkam, war, dass Tiere gezielt bei uns ausgesetzt wurden. Selbst diese Tiere, egal, ob Fähe oder Rüde und in welchem Alter, jedes konnten wir in die Gruppe integrieren. Nur hin und wieder benötigten wir ein bisschen mehr Geduld. Nur leider wurden diese Tiere oft nicht älter als zweieinhalb bis vier Jahre. Alle erkrankten meist schwer. Aber es gab auch die berühmte Ausnahme mit sieben Jahren.

Meine Rasselbande heute habe ich von zwei Züchterinnen. Die jüngsten fünf sind von meiner Züchterin aus dem Raum Stuttgart, die ich durch Zufall kennengelernt habe. Auf jeden Fall kamen dann 2009 Honey und Balu mit dazu. Damit hatte uns die kleine Rasselbande schon ganz gut im Griff. Die nächsten zwei waren meine Albinos Bea und Jackie. Sie waren eigentlich gar nicht eingeplant, aber unverhofft kommt ja oft. Stand der Dinge Dezember 2009 war dann, dass keine weiteren Frettchen mehr bei uns einziehen würden. Tja, aber im Sommer 2010 kamen dann Maggie und Cubby dazu, somit waren es dann auch schon acht.

Unser Jahr 2010 bekam dann einen Dämpfer, als Bea, die kleine Albino-Fähe, krank wurde und keiner so recht wusste, warum sie so viel Gewicht verlor, bis beim großen Blutbild ein schwerer Nierenschaden festgestellt wurde. Leider konnten wir nichts mehr für sie tun, als sie zu erlösen. Der Nierenschaden wurde laut unseres Tierarztes dadurch verursacht, dass sie über längere Zeit (vermutlich beim Vorbesitzer) nicht genügend Wasser bekam.

Ihrer Schwester Jackie geht es Gott sei Dank ausgezeichnet. Sie ist kerngesund und richtig verspielt, schmusig und genauso anhänglich wie die anderen sechs, auch wenn mir mal eine Verkäuferin in einer Zoohandlung allen Ernstes weismachen wollte, dass Albinos von Grund auf aggressiver wären als andere Frettchen. Aber bitte, was ist der Unterschied, ob Iltis, Harlekin, Pinto Panda oder was auch immer für ein Farbschlag? Keiner, bis auf die Fell- und vielleicht die Augenfarbe.

Der Abenteurer

Von Eva Wolf

Wie jeden Abend öffnete ich die Tür des Außengeheges auf dem Balkon, um meine Viererbande zum Spielen und Toben heraus- beziehungsweise in die Wohnung zu lassen, was sie dann auch ausgelassen tat. Der Spuk der Kobolde dauerte normalerweise zwei Stunden und danach zogen sie sich in Erwartung der Raubtierfütterung wieder ins Gehege zurück, wo sie ihr Fleisch und ihre Küken erhielten.

Filou, ein Schlawiner durch und durch und normalerweise immer der Erste am Futterplatz, war aber zur Fütterung nicht da. Das war schon verdächtig. Ich rief und lockte, aber da kam kein Filou.

So wurde ich immer unruhiger und nachdem alle Zimmer, Betten, Schränke, Schubladen, Wäschestücke, Röhren und sonstigen möglichen Verstecke vergeblich durchsucht waren und ich auch in der schlaflosen Nacht kein Umherwuseln, Niesen, Kratzen oder ähnliches Geräusch gehört habe, stand fest, Filou befand sich nicht in der Wohnung.

Verschwunden, vielleicht über den Balkon oder unbemerkt durch die Wohnungstür, als jemand von außen hereinkam. So suchte ich das ganze Treppenhaus und den Keller ab. Aber nachdem die Haustür im Hauseingang offen gestanden hatte, war klar, dass er die Chance genutzt hat, seine Abenteuerlust draußen auszuleben. Er liebte ja die Spaziergänge an der Leine im nahe gelegenen Wald.

Ich erweiterte die Suche auf sämtliche Hecken und Büsche vor unserer Wohneinheit und auf Parkplätze. Selbst unseren Hund ließ ich die ganze Gegend absuchen, aber auch er konnte keine Spur finden.

Filou war weg und ich total verzweifelt und vor Sorge so krank, dass ich mir den Tag freinehmen musste. Der Tag sollte ein sehr heißer Sommertag werden und ich dachte daran, dass er ja am Abend noch kein Futter bekommen und nichts zu trinken hatte. Mir ging es immer schlechter und vollkommen übernächtigt legte ich mich hin und schlief mit einem Hilfsgebet an meine helfenden Geister und den verzweifelten Gedanken über die Gestaltung eines Suchplakates ein.

Gegen Mittag wachte ich auf, weil ich ein Geräusch gehört hatte. Meine Ohren wuchsen schlagartig, um zu orten, woher das Geräusch kam. Es kam von der Außenseite unserer Wohnungstür! Ein aufdringliches und unermüdliches Kratzen! Ich öffnete die Tür und es war tatsächlich mein Filou. Überglücklich, dankbar und vor Freude weinend nahm ich den Heimkehrer in die Arme, der auch sehr froh schien, wieder daheim zu sein.

Unsere ersten Frettchen

Von Jacqueline und Carsten Scheunemann

Schon seit einem Jahr waren wir uns sicher: Wir wollen Frettchen! Nachdem wir uns lange über die kleinen Fellwürste informiert haben, begann die Suche nach einem Züchter. Da wir beide schon lange Erfahrungen mit verschiedenen Tieren hatten und wir die Erziehung und das Aufwachsen der Kleinen selbst miterleben wollten, sollten bei uns Welpen einziehen. Über das Internet sind wir auf die wundervolle Zucht der Fellnasen-Frettchen aufmerksam geworden und wurden sofort zu einem Schnupperbesuch eingeladen.

Dann ging alles ganz flott. Supersüße Nasen knuddeln, die eigene Wohnung frettchensicher gestalten, einen tollen Schrank bauen und die Tage bis zum Einzug der eigenen Frettchen abzählen. Und dann war der große Tag da! Mit unseren zwei süßen Welpen Garreth und Freya und einem riesigen Einsteigerpaket der Fellnasen-Züchterin ging es los in das neue Zuhause.

Zuerst musste natürlich der neue Schrank ganz genau beschnuppert werden. Und dann fing das Gewusel an. Treppen? Was ist das? Nach dreimal Runterschlittern und Plumpsen kam die Erleuchtung: „Ach, man soll da Treppchen laufen!“ Wir hatten noch Anitas Worte im Kopf, die Kleinen erst mal die ersten Tage in Ruhe zu lassen. Das sahen diese aber etwas anders. Schnell hatten die

beiden anscheinend eine tolle Beschäftigung gefunden: die neuen Herrchen anspringen und Flugfrettchen spielen. Bald haben wir dann auch begriffen, hey, die Wusels haben Hunger! Mit vollgefuttertem Bauch konnte dann endlich zufrieden eingekuschelt im neuen Heim ein Schlafplatz gefunden werden.

Am nächsten Morgen ging es gleich früh wieder zu den süßen Fellnasen. Sofort gingen die Frettchenöhrchen hoch. Frühstückszeit! Zwei Küken, jeder eins. So war zumindest der Plan. Es kam, wie es kommen musste. Natürlich sah das Küken, welches der andere im Maul hatte, immer besser aus als das eigene. Und so entstand keine Minute nach dem Öffnen des Schrankes der erste Rangkampf. Als neue Frettchenhalter durften wir dann das erste Mal lernen, dass die kleinen Zankereien gar nicht so schlimm sind, wie sie aussehen.

Uns in Ruhe lassen? Das geht ja gar nicht! Kaum die erste Nacht im neuen Schrank, wollten die Wusels aufs Neue beschäftigt werden. Und schon ging das erste Zimmer in ihren Besitz über. Blumentöpfe, Hochflorteppich, Quietscheknochen und Rasselbälle. Nichts war mehr sicher vor den spielwütigen kleinen Fellwürsten!

Und wieder war unsere Begeisterung hoch: Die Kleinen sind traumhaft erzogene Frettchen! Jedes Katzenklo wird perfekt getroffen und Herrchen abzuschlecken ist letztendlich doch interessanter, als ihn zu kneifen.

In einigen Tagen können wir unseren dritten Schatz, den kleinen Mio, bei der Züchterin abholen. Wir freuen uns schon auf all die tolle Zeit, die wir mit den Dreien in Zukunft verbringen dürfen.

Anhang

Literatur

Henke, Gisela:
Das Frettchen als Haustier in der Kleintiersprechstunde.
Books on Demand, 2003.

Moormann-Roest, Hanneke:
Kapitel Frettchen in: Krankheiten der Heimtiere,
herausgegeben von Michael Fehr, Lutz Sassenburg, Peernel Zwart, Schlütersche Verlag, 2005.

Hoefer, H.L.:
Heart disease in ferrets. In: BONAGURA, J.D. ed. Kirk´s current veterinary therapie XIII: small animal practice.
Philadelphia: 1144-48, 2000.

Schoemaker, N.J. et al.:
The role of luteinizing hormone in the pathogenesis of hyperadrenocorticism in neutered ferrets.
Molecular and Cellular Endocrinology, 2002.

Johnson-Delaney, C.:
Ferret Adrenal Disease : Alternatives to Surgery.
Exotic DVM. 1.4, 19-22, 1999.

Wagner et al.:
Clinical and endocrine responses to treatment with deslorelin acetate implants in ferrets with adrenocortical disesase. 2005.

Herzlichen Dank für die kompetente und verlässliche Hilfe beim Kapitel Krankheiten an die
Tierarztpraxis Dres. Nicole Schaefers-Schott & Andreas Schott
in 71065 Sindelfingen.

Vielen Dank an **Ivonne Uhlemann** für die tollen Zeichnungen (www.animalart-iu.de)

und an **Jeanette Hutfluss** für die wunderbaren Fotos (www.jh-tierfotografie.de)

Register

Fellnasen
www.Fellnasen-Frettchen.de
Unsere Fellnasen-Welpen
* sind geimpft, gechipt & entwurmt
* handzahm & weitgehendst stubenrein
* bestens aufgezogen und sozialisiert
* bekommen nur hochwertigstes Futter